ノンフィクション

帝国海軍将官入門

栄光のアドミラル徹底研究

雨倉孝之

潮書房光人社

帝国海軍将官入門——目次

三代の将官社会　11
「ベタ金」の由来　14
提督か将軍か？　15
「アドミラル」のルーツ　17
リア・アドミラル第一号　20
アドミラル——期待は可か？　24
海軍少将当確！　27
「多聞丸」、甲板に土俵を作らす　30
すべからく武人は死せ　32
艦隊司令長官と艦隊司令官　35
双頭の戦隊　37
雲上の人——海軍中将　40
中将は年俸五八〇〇円　43
大物中将——秋山と佐藤　46
中将進級——評価基準が変わる？　49
中将昇進、ゼッタイ大丈夫　52
異色のバイス・アドミラル　56
カマ焚き将官　59
カタキとセンキ　62
センキ、淡煙焚火に苦しむ　64
エンジニア司令官　67
難きかな、エンジニア中将　69

〝軍需局長〟は機関科専用　73
最高ポストは艦政本部長　76
赤・白は少人数　78
軍医官——大卒、専卒出世くらべ　81
将官進級と医学博士　84
主計科提督は超秀才？　86
総監から少将、中将へ　89
軍医将官の海上ポスト　92
経理局第一課長　94
ペイマスター・アドミラル　96
医務局長は最高峰　99
海経一期主計中将へ　102
「赤と白」インフレに　106
薬剤少将は療品廠長　109
歯科医少将　111
一人三役のＧＦ長官　113
戦隊司令官は少将職？　116
飛行機屋司令官　120
栄達コース——独立艦隊シカ　123
要港部司令官の行く末　127
インフレの将旗　129
ヒカリ輝くＧＦサチ　132

ニビ色の鎮守府サチ　137
機関科出身の参謀副長　141
艦隊司令長官第一号　143
急増した艦隊司令長官　146
艦隊司令長官への道のり　149
長官は軍楽隊つきの御昼食　151
六F長官は育ちがよい？　154
〝栄転ポスト〟横鎮長官　157
戦死しても大将になれず　160
海軍高等文官　163
中将待遇の文官アドミラル　166
書記官好遇　169
勅任教授最後のご奉公　171
少なくて多かった技術科将官　173
進級率抜群の造船士官　175
技術士官は欧米派遣　178
設計屋と建造屋　180
技術将官のすわる椅子　183
兵・機出身将官の領海侵犯　185
技術アドミラルの最高地位　187
海軍施設中将　190
萌黄の法務アドミラル　192

軍隊指揮権の象徴 195
カッターに掲げた少将旗 197
礼砲の打発数 199
旗章の掲げ方 202
礼砲を打つ軍艦の敬礼 205
英海軍キース大将に敬礼 208
観艦式と皇礼砲 212
海軍大将第一号は陸軍から 215
明治期大将は薩摩が独占 217
大将の定年 220
大将栄達への条件 222
海大は大将への必須コース 225
欧米勤務と艦長経験 228
小沢大将実現せず 231
大礼服から正装へ 235
将官の正装には「飾緒《ナワ》」を 237
功一級は将官のみ 240
「菊花頸飾」は二人だけ 242
男子皇族は陸海軍へ 244
船乗りアドミラル・博恭王 246
宮様も中佐までは平民なみ 249
朝融王の超特急進級 251

軍令部総長に指揮権なし　254
総長と長官どっちが上？　256
GF長官こそ武人の本懐　260
総長、GF長官は鉄砲屋優先？　261
軍令部総長銘々伝抄　264
伏見宮総長　267
海軍総司令長官　270
海軍大臣は軍政のトップ　273
大臣は現役大、中将　275
大臣は武官にして文官　277
才幹に甲乙なし　279
元帥は〝老巧卓抜〟な大将から　282
幻の〝加藤元帥〟　286
元帥のシゴト　288
二四歳の海軍大佐　291
大元帥と大本営　295
あとがき　301

イラスト／小貫健太郎

帝国海軍将官入門

三代の将官社会

海軍軍人社会のあれこれを書きつづった筆者の〝ものしり軍制学〟も、『海軍ジョンベラ軍制物語』から『海軍オフィサー軍制物語』、そして、とうとう『海軍アドミラル軍制物語』（単行本時のタイトル）へとすすんできた。だが、

「アドミラルだって、オフィサーの一員ではなかったのか。なぜ分けたんだ？」

と突っこまれると、筆者も少々こまる。

まことにごもっともな話で、士官のグループで尉官、佐官と昇進をつづけ、到達した最上階の将官が、広義のアドミラルなのだから、もちろん彼らとて士官の仲間だ。だから、「オフィサー軍制物語」のなかに含めてもよかったのだが、別わくとして、あらためて書きおこしたほうが何となくモッタイがついて、ホントに彼らが偉そうに見えるではないか。

これが、本『海軍アドミラル軍制物語』（『帝国海軍将官入門』）分立の由縁である。

さて、「おエラ方」——といくぶん皮肉っぽい言い方で人をさすとき、その人間の〝内《なか》容《み》〟なんてことにはたいして関係がないようだ。が、それにしても指さされる彼らには、なんらかの意味で稀少価値がなくてはなるまい。

世間には、社長兼重役兼課長兼社員と、一人でいっさいを切りもりしているような会社が、掃いて捨てるほどある。けれど、そんなのはさておいて、ふつうはどんな官庁、企業でも、おエラ方は段があがるほど数が少なくなっていく。

とくに、かつての陸軍や海軍はそうだった。きわめて多数の兵を底辺におき、その上に下士官をかさね、さらに准士官、士官と順次数を減らしながら層を積む、裾ひろがりの安定した構造をつくっていた。

1表を見ていただきたい。海軍の人員構成を示した表だが、昭和一〇年ごろまでの平和な時代、腰に短剣をぶら下げ、兵員に号令をかける身分の人びと、すなわち准士官以上は、およそ全体の一〇パーセントだった。ただしこれには、在郷軍人は含まず、現に軍服を着ている海軍軍人にかぎった人数しらべだ。

けれど七年後の昭和一七年末、ちょうど太平洋戦争が始まって一年たつと、予備役からの召集や現役軍人の大量採用やらで、表中いちばん右欄の数字は昭和一ケタ代にくらべると、四倍以上とベラボーにふくれあがっている。それでも、准士官以上は全体の八パーセントほどだった。やはり、オフィサー・クラスの上流社会は数が少なかったのだ。

ついでに書くと、現在の海上自衛隊では、この上下の比率が多少むかしとちがっているようだ。昭和六二年三月三一日の調べによると、准尉（海軍時代の各科兵曹長、すなわち准士官にあたるだろう）と士官の合計は一万一三七名。全隊員が四万三六〇八名だから、約二三パーセントにあたっている。

海軍当時の二倍を超える数字だが、これは何を意味するのだろう。科学技術の要求がいっそう高度になり、知識階級を増やさなければならなくなった……。関連して組織が複雑化され、上位ポストが多くなった……。いろいろなことが想像できて、面白いデータではある。

ま、それはそれとして、話を海軍にもどす。

1表をもう一度見ると、この物語の主人公、将官の数はまことに少ない。昭和元年で全体の〇・一七パーセント、五年、一〇年では〇・一五パーセント、肥ってしまった大戦一年目ではさらに減って〇・〇八パーセントにすぎない。この数字を見ただけでも、

「ああ、将官というのは、やっぱりエラかったんだなァ」

と、その〝エラさ度〟にうなずけようというものだ。兵員にいわせれば、「はるかかなた、雲の上の存在」ということになる。狭い軍艦のなかでも、つね日頃、こんな〝ベタ金〟をまぢかに見たり接することのできる兵員は、艦橋勤務の下士官兵か、従兵ぐらいのものだったろう。

なお、これまでの『ジョンベラ軍制物語』『オフィサー軍制物語』では、話のほとんどを昭和になってからの事柄にかぎっていた。だが、この物語では随時、大正、明治と時代をさかのぼってみたい。というのも、この将官社会、

1表　日本海軍の現員数

	昭和元年	昭和５年	昭和10年	昭和17年
士官 （将官）	5,029 (130)	5,141 (121)	5,435 (153)	17,491 (356)
特務士官	1,292	1,370	1,721	6,143
准士官	1,540	1,584	2,154	11,135
下士官	15,732	17,958	23,342	114,310
兵	52,168	53,340	66,244	280,289
計	75,761	79,393	98,896	429,368

階級のはばも三段階とせまかったし、人数も比較的すくなかったので、それだけ古い興味ある話にも踏みこめると思うからだ。

「ベタ金」の由来

ところで、「ベタ金」という、その語源。

海軍士官の白い夏服の両肩には、階級を示す肩章がのっていた。いまも昔もそうだが、警察官とか消防官とか軍人は、エラさ度をあらわすしるしとして、しだいに金スジを増やしたり太くしていく。度がすぎると、あまり見よいものではないのだが……。

海軍将官の場合、一寸七分——ということは、約五一・五ミリ幅の肩章中央に、太く一本、一寸幅の金スジをベタッと走らせていた。これは肩章全面積の六割ちかくをしめる。

海上の朝日、夕日に照らされたとき、金色の光をサンゼンと放ち、両脇にのこされた黒色の地をまぶしく蔽いかくしていた。少々大げさな表現だったが、このあたりが「ベタ金」の由来であろう。

いっぽう、紺の士官用冬服では、明治から大正にかけ、階級を見わけるのには袖章がついているだけだった。よその国の海軍も、冬服には袖章をつかっていたが、イギリス、アメリカをはじめ、たいていはまばゆい金スジをグルッと巻いていた。ところが日本海軍では、シマ織り黒毛スジだった。どうやら金スジではカネがかかるから、という理由だったらしい。

貧乏はしたくないものだ。

だが、この黒色袖章では近くに寄って、よく見ないとダメ。うす暗くなるともうわからなかった。

そこで、「これではまずい。士官どうしの欠礼の原因にもなる」ということで、大正八年一〇月に改正があり、紺軍服のエリに、夏の肩章を小ブリにした「襟章」をつけることにしたのだそうだ。といって、袖章を廃止したわけではなく、それもそのまま残しておいた。

提督か将軍か？

海軍大将や中将、少将といった将官たちを、「提督」とよぶことがある。だが、将軍とはあまりいわないようだ。

将軍——こちらは陸軍の将官を称するのに、おおく使われたのではないだろうか。東郷提督、山本五十六提督とはいうが、東郷将軍とか山本将軍という言い方は聞いたことがない。

「将軍」は数千、数万の兵を馬上から叱咤する大将をよぶのにふさわしく、軍艦を洋上に白波けたてて走らせる海の武将には、なんとなく似つかわしくないように、私には感じられる。

といっても、元海軍士官のなかには、提督という言葉をきらい、「将軍」の語を愛用する人もないではなかった。

そういえば、その「将軍」が出てくる海軍の軍歌があった。題名は『上村将軍』。日露戦争のとき、上村彦之丞中将は第二艦隊司令長官として戦ったが、日本近海に神出鬼没するロシアのウラジオ艦隊のゲリラ戦に悩まされていた。あげく、事情を知らない国民からは「露探《ろたん》提督」とまでののしられたが、ようやく蔚山《うるさん》沖に敵艦隊を捕捉して撃破、汚名をそそぐことができた。「露探提督」は、たちまち「忠勇なる提督」にかわったのだ。

その彼の苦衷と、蔚山沖で敵沈没艦の乗員を救助した武士道的行為を、当時、第七高等学校（旧制）の生徒だった佐々木信香が謳いあげたのがこの軍歌だった。

「荒波吠ゆる風の日も
　大潮咽《むせ》ぶ雨の夜も……」

妙に長ったらしい歌詞で、すこしばかりグルーミーな節まわしのこの歌を、軍歌演習のとき、『艦船勤務』や『如何に強風』などとともに歌ったおぼえのある、元海軍サンも多いのではあるまいか。

この軍歌では、提督ではなく将軍になっていた。そして、どういうわけか、生前の上村〝将軍〟はこの歌を聞いて、「俺が生きているあいだは歌わないで欲しい」といっていたそうだ。

したがって、海軍の提督を将軍ということはあっても、陸軍の将官を提督とよぶことは、わが国ではなかった。

もともとこの言葉は、日本での造語ではない。ご承知だろうが、お隣りの中国からきたものだ。清朝時代の武官の名称だったらしい。冨山房の『国民百科辞典』によると、「一省の軍政を統《す》べ、諸鎮《ちん》を統轄する。総督、巡撫《じゅんぶ》とならんで地方の大吏。明代の都督の後身」と書かれている。

当時、中国各省内の要地には、〝総兵〟が管轄するいくつかの〝鎮〟があり、それらの鎮を、一省に一人おかれた〝提督〟が指揮、統率していたようだ。要するに、省内常備軍の総大将である。とすれば、いわゆる将軍の意味に提督を使ってもおかしくはない。

だがいっぽう、揚子江には別に「水師提督」がおかれていた。で、こちらが海軍の親玉、艦隊の大将というわけだった。だから日本では、水師提督の意味でだけ、「提督」の語を使うようになったのだろう。

「アドミラル」のルーツ

そういうところから、海軍将官社会のいろいろについて書こうというこの物語は、『海軍提督軍制物語』といきたいところだ。だが、まえの『ジョンベラ』『オフィサー』とのつながり上、おなじカタカナ語を使って『アドミラル軍制物語』と名のったわけである。

ところで、Admiral を日本語に訳す場合、海軍大将と限定的に使用するときと、海軍将官全般をさす場合とがある。いうまでもなく、いまここでさすのは将官、すなわち提督のことだ。

それから、ふつう提督というと、軍医さんやペイマスター（主計科士官）などの将官をのぞいた「兵科将官」だけをさすことが多いようだが、本物語では、ぜんぶの種類の将官について書いていくことにする。

さて、またこの「アドミラル」だが、佐波宣平氏の『海の英語』（研究社）をひもといてみると、語源はアラビア語にあるのだそうだ。

中世のころ、シシリー島からスペインのほうにアラビア人が進出してきたとき、彼らは、地中海艦隊司令官を Amir ar bahr（アミール・アル・バール）と呼称していた。

その用語がヨーロッパへ移入されたさい、ヨーロッパ人は Amiral だけで艦隊司令官の意味をもたせた。そして、十字軍の出征がくり返されているうちに、Amiral は欧州各地で使われるようになった。ところが、イギリスにわたったとき、そそっかしい彼らは、その言葉のなかにdの字をつっこみ、Admiral にしてしまったのだそうだ。

一九世紀前半までの西ヨーロッパは、帆走艦の全盛時代。彼らは大鷲のようにセールをひろげた多数の軍艦をつらね、その軍勢を前軍（白軍）、中軍（赤軍）、後軍（青軍）にわけて敵に戦いを挑むのが常だった。さらに各軍を前部隊、中部隊、後部隊に分割したので、つごう九個の部隊で艦隊が構成されていたわけだ。

各軍の中部隊には大将格の Admiral が座乗して指揮をとり、前部隊には副大将格の Vice Admiral が先頭に立ち、後詰めの後部隊には、文字どおりの Rear Admiral が乗っていた。

かつ、中軍指揮官兼中部隊指揮官の赤軍大将は、全艦隊司令長官の役をも兼ねて、Admiral of the Fleet の職につくのであった。

また、ほかにこういう戦闘隊形もあった。
艦隊が二列縦陣にわかれ、一方の縦陣先頭にアドミラルが座乗して総指揮をとり、もう一方の縦陣の先頭には、次席指揮官たるバイス・アドミラルが搭乗して、アドミラルを補佐する。さらに、各縦列の後尾艦には後方整理、指揮のため、リア・アドミラルが乗りこむ、というやり方もあったようだ。
現在の列国海軍では、
Admiral of the Fleet = 海軍元帥
Admiral = 海軍大将
Vice Admiral = 海軍中将
Rear Admiral = 海軍少将

といったあんばいに、階級名に転化して使われている。

しかし、いま述べたようなわけで、もともとは職名として発生したものだったのだ。とはいえ、艦隊を指揮・統率する〝エラい人〟という意味のあったことも、間違いなかろう。それは、Admiral の語にも通じているのだ。

ただし日本海軍には、階級としての「元帥」はなかった。

ちなみに、海上自衛隊の将官には二階級しかなく、海将が Vice Admiral、海将補は Rear Admiral と英訳されるようだ。そして、海上幕僚長たる海将だけが Admiral の訳語を適用されているらしい。

リア・アドミラル第一号

ところでのっけからだが、読者諸賢、

「日本最初の海軍少将は誰だったか？」

とお聞きしたら、サッとその人の名前をお答えいただけるだろうか。

御一新でガラリと世の中が変わると、政府はさっそく軍制を定め、陸軍、海軍の軍人に階級をこしらえた。

まずはトップの方からと、慶応四年閏《うるう》四月、ネービーには「一等海軍将」から「三等海軍将」までをつくった。どこやら今の、自衛隊の階級名に似たヒビキがないでもない。その年九月、明治と改元されたのだが、翌二年七月、兵部省を設置すると同時に、この将官名をそれぞれ「海軍大将」、中将、少将に改めた。

この呼称が、のちのち昭和海軍消滅の日まで続く、金ピカの官名になるわけである。

ついでに書いておくと、海軍大佐とか海軍中尉とか、佐官、尉官の階級がつくられたのは、そのあくる年、三年九月だった。もちろん陸軍のほうも一緒だ。また、当時、一等水夫あるいは五等火夫などとよんだ後年の水兵や機関兵たちの等級が設けられたのは、明治五年八月からだった。

さて、海軍少将第一号、それは中牟田倉之助という人だった。

「あんまり聞いたこと、ねえなぁ」

とおっしゃる方が多いかもしれない。でも、明治海軍に関心をもつ向きには、見逃がすことのできない人物なのだ。

そのころ、政府も薩閥ならば、ネービーも「薩の海軍」といわれた時代だった。〝薩人〟にあらざれば人にあらず。海軍少将第二号となり、勝安房（海舟）海軍卿のあとを襲って、新興海軍のリーダーになった川村純義大将、〝帝国海軍建設の父〟と称された山本権兵衛大将、日露戦争は日本海海戦大勝利の立役者、東郷平八郎元帥……みんなかなめの所はサツジンである。

そんな状況のなかで、薩摩勢とともに、あるいはそれにもまさって明治海軍の基礎をつくるのに、影響を及ぼす力と功績があったのは、じつは、名君といわれた鍋島閑叟《かんそう》公の治めた佐賀藩の海軍だった。その佐賀海軍の頂点、代表的人物が中牟田倉之助だったのだ。

長崎の海軍伝習所でオランダ人から海軍術を学んだ第一期生。そこでの仲間には勝海舟もいた。維新のとき、箱館戦争での中牟田は、「朝陽丸」艦長としてなかなか華々しく戦ったようだ。陸岸にいちばん接近して射撃を加えたのも「朝陽丸」だったという。

箱館湾内の戦いで、奮戦のあげくとうとう幕艦「幡龍」の砲弾を火薬庫にうけ、同艦は轟沈してしまった。てっきり、中牟田艦長も戦死、と思われたのだが、運よく、観戦中のイギリス艦「ヘーグ号」の救助艇に助けられ、九死に一生を得たのであった。

こんなカクカクたる経歴の持ち主だったので、明治三年、佐尉官の階級ができると、いきなり「任海軍中佐」の辞令が出された。三三歳。まあ、妥当ないい線だろう。ところが、そのあとの進級がすこぶる速かった。翌四年八月、海軍大佐、さらにその年一一月、一気に海軍少将に累進したのだ。

かくて、リア・アドミラル第一号の誕生である。弱冠三四歳。ずいぶんワカい。大正、昭和の海軍では考えられない青年将官だった。

そのころの彼の役職は兵学頭、とりもなおさず海軍兵学校の校長サンである。当時の〝兵学寮〟生徒には例の山本権兵衛らがいて、実戦経験があるのを鼻にかけ、教官をイタブッたり、校紀をみだす乱暴ローゼキを少なからず働いたらしい。

このとき中牟田校長は、凛然《りんぜん》、毅然としてこのようなヘイ風打破にのぞんだ。そのため窮屈に感じた生徒たちから、一挙に八〇数名の退学希望者が出た。だが、山本権兵衛は一生懸

幕艦〝蟠龍〟　箱館戦争に参加、備砲4門

命にその非をさとし、思い止まって勉強を続けるよう説得したのだそうだ。さすが将来、大将・大臣になる男、このへんが他の乱暴者とは違っていた。

そのあと、東海鎮守府司令長官をつとめ、それが横浜から引っ越して「横須賀鎮守府」と改称されると、そのまま初代司令長官になった。この横鎮長官時代、明治二二年一月に初めての、ついで二五年三月、二回目の海軍大演習が行なわれたが、二回とも総指揮官をやったのが中牟田中将だった。さらに、海軍参謀部が海軍軍令部に改まると、またその初代部長におさまった。

どうも、この人は初回とか第一号に縁のある御仁らしい。このあたり、「帝国海軍創設の元勲」の一人、といわれるのにまことに恥ずかしくない閲歴なのである。

それから、彼の〝初めて〟はまだある。日

本の名士で、デス・マスクを作らせたのは、中牟田サンが最初なのだそうだ。ただし、これはご本人の遺言でつくられたものか、遺族のはからいによるものかはわからない。

こうして超スピードで少将になった彼ではあったが、四一歳のとき中将に昇進すると、こんどはズーッと五七歳まで一六年間もこのままの階級で暮らし、予備役に編入された。なんとも長い中将居据わりだったが、草創期の当時としてはそれほど珍しいことではない。

と、こういう立派な存在の彼だったが、日清開戦のわずか一週間前に、突如、離現役させられてしまった。したがって、初の対外戦争での大手柄もなく、また大将にもなっていない。中牟田倉之助の名前がいつの間にか海軍史のなかで埋もれてしまったのも、こんなところに一因があるのだろう。

アドミラル――期待は可か？

さて、そういつまでもアンティークな話ばかりもしていられない。時代は一気に昭和へとスッ飛ぶ。

戦前戦中の古いタイプの人間は、とかく勤務先での昇職だとか昇給にこだわるのは、男として何かいやしいように考えがちだった。むかしの陸軍や海軍の軍人も多くはそうだったであろう。とはいっても、平凡な生身《なまみ》の人間であれば、まったくそれに無関心で生きられるものではなかった。

2表　海軍少将への進級数

進級年	海軍大佐への抜擢人数				
	第1次	第2次	第3次	第4次	第5次
大正14年	大佐進級1名				
〃 15年		大佐進級9名			
昭和2年			大佐進級25名		
〃 3年				大佐進級16名	
〃 4年					大佐進級13名
〃 5年					
〃 6年	少将進級1名				
〃 7年		少将進級8名			
〃 8年			少将進級17名		
〃 9年				少将進級1名	
〃 10年					少将進級1名

営々海軍勤務二〇数年になんなんとする海軍大佐氏。四〇ウン歳になり、はや白髪のまじる己れの顔を鏡にうつし、

「そろそろ、俺も海軍とはサラバか。いや、だがもしかすると、ベタ金になれるかも……」

と心ひそかに思い、期待したとしても、それは、いかに滅私奉公を信条とする軍人であっても、不思議ではあるまいし、不自然でもあるまい。

ならば、平時、現役のキャプテンの階級に到達した兵科士官のうち、人事当局からどんな評価を受けていた人たちが、アドミラルを期待してよかったのだろうか。こういうことは実例にあたってみるにしくはない。さっそく調べてみたのだが、事はプライバシーに

係わるので、名前は伏せることにする。

サンプルは明治も終わり近くに江田島を卒業した某クラスなのだが、人数は全部で一七三名だった。そのうちから、2表にあげたように、六四名の人が現役海軍大佐に進級している。比率は約三七パーセントだ。

そのほかに中佐から予備役編入の直前に進級した、いわゆる〝名誉大佐〟が二一名いるが、これでお分かりのように、現役キャプテンとして、海軍でのしかるべきポストで働くこと自体、平時ではなかなか容易ではなかったのである。

その現役大佐には、評定順位にしたがい、中佐から五回にわけて抜擢していった。太平洋戦争が始まるまでは、海軍士官の進級は一年に一回、年度きりかえの一一月中旬から一二月上旬にかけて発令されるだけだった。したがって、江田島同期の桜もここまでで、早咲きと遅咲きとでは四年の差がついてしまうのだった。が、ピラミッド型階級社会を構成するためには、何らかの規準によって調整を加えなければならず、それはやむをえない序列の線引きではあった。

大正、昭和の当時、大佐は六年つとめなければ少将には進めなかった。一時、五年で進級できる時代もあったが、昭和五年ごろから再び六年勤務ののちアドミラルへ上がるようになっている。

まず第一次、第二次で大佐に抜擢された士官は、よほどのことがない限り少将への昇進は確実だった。

問題はつぎである。胸をドキドキさせるのは第三次抜擢の大佐進級者たちであった。このグループの人数は断然多い。2表によれば、そのなかからベタ金の肩章をつけられるのは約七割だ。それに、グループの上位から順次昇進できるとはきまっていないのだから、なおさら気をもむのも無理はなかった。

だが、ここまではまだいい。第四次、第五次大佐抜擢者の状況は表をご覧のとおりである。残念ながら、少将への進級者はほとんどない。あってもごく僅か、というのが実情だった。

海軍少将当確！

つまるところ、現役大佐の昇進者のうち四〇パーセント、二八名がアドミラルになれたわけだ。ただし、第三回大佐抜擢者以下からの進級者中には、すぐ待命、予備役編入になった〝名誉少将〟が三人いる。したがって、軍艦のマストの上高く、少将旗を翻して何隻もの艦艇を指揮できる、戦隊「司令官」に希望をもてる提督には二五名というわけだった。彼ら兵学校某クラスの場合、一七三名の一四パーセントである。

だが、たとえ〝名誉少将〟であろうと何だろうと、なったほうがいいにきまっている。あのころ、世間の見る目は〝少将閣下〟と〝大佐殿〟とでは全然ちがっていたのだ。ベタ金に桜一つの社会的重みは、現在の海上自衛隊「海将補」の比ではなかった。

さて、そんな、〝少将選当落不定線〟上におかれた第三次抜擢グループの士官たちではあったが、大佐になって二年目、三年目と年月がたつにしたがい、次第に当落がはっきりしてくるのだった。というのは、毎年そのなかから、一人、二人と予備役大佐への編入者が出ていくのだ。そして、最古参の六年目大佐まで生き残れたなら、もう、ほぼ〝当確〟だった。たとえ名誉少将であったにしてもだ。

こういった状況は2表に掲げたクラスだけでなく、だいたいどのクラスについてもいえた。昭和二年末から一一年末までの時代、最古参大佐のグループに名前を連ねた江田島出身者で、少将になれず、キャプテンのまま淋しく軍服を脱いだ人はたった三人だけだった。だから昭和一ケタの平時で、六年目大佐の列に入れたら、あくる年の少将進級を予期して、ホクソ笑みつつベタ金の肩章を用意してもマズ間違いはなかったのだ。

それから、よく聞くところだが、

「海軍では、兵学校の卒業席次が一生ついてまわった。ビリの方では、将官進級なんてとても望めはしない」の言葉がある。

では、このへんの実情はどんなだったのだろう。こんどは四つのクラスの卒業者についても調べてみた。

その結果が3表だ。表中、三一期からは加藤隆義大将、日華事変勃発時の第三艦隊司令長官や台湾総督をつとめた長谷川清大将、海軍大臣をやった及川古志郎大将。三四期ではGF司令長官で殉職した古賀峯一大将。三七期からは軍務局長、海軍次官をつとめ最後の海軍大将になった井上成美提督、これも最後の連合艦隊長官として戦った小沢治三郎中将が出ている。

3表　海兵卒業成績と少将進級数

卒業期（総員数）	上位より2割以内	2～4割	4～6割	6～8割	8割以下
31期（188名）	17	9	3	1	1
34期（175名）	15	9	3	1	0
37期（179名）	22	12	3	7	3
40期（144名）	16	10	8	4	10

注：戦死後少将，応召後少将は含まず

四〇期は太平洋戦争で活躍した多数のバイス・アドミラル、リア・アドミラルを出したクラスだ。ミッドウェー海戦で「飛龍」と一緒に沈んだ山口多聞中将、神風特攻隊を最初に送り出し、また最後の軍令部次長でもある大西瀧治郎中将、そのほか宇垣纒、福留繁中将……たちである。

さて、この表をご覧になって、皆さんはいかが判定されるだろう。

「かなりその傾向は強い、ように見える。だが、絶対とはいえないし、ほかの条件も多分に勘案されているみたいだ」

といえるのではなかろうか。じっさいに三一期の及川古志郎サンなど、真ン中へん、七六番の席次で大将にまで昇進している。表にはないが、二九期の米内光政大将だって一二五人中、六八番だ。

ほかの条件――それは海兵卒業後の修養、努力であろう。それを認め、評価するところに海軍人事が公正であった、といわれる所以があると思われる。

「多聞丸」、甲板に土俵を作らす

リア・アドミラルに進級して海上に出ると、軍艦を何隻かたばねた戦隊や、十数隻もの駆逐艦を引き連れて走りまわる水雷戦隊なんぞの「司令官」の椅子にすわれる。

太平洋戦争のとき、海に空に大いに働いた少将司令官はたくさんいたが、ではその中の一人の名前を――といわれたら、諸賢はどなたのネームをあげられるだろうか?

筆者には、写真でしか見たことのないあの福々しい丸顔が、まっ先に目に浮かんでくる。いまも書いた山口多聞少将だ。

どこが偉かったのか、と聞かれるとどこもかしこもと答えたくなる。が、第二航空戦隊司令官としての、ことにミッドウェー海戦での積極果敢な戦いぶり、潔い最後の身の処し方はもうよく知られているので、戦前のあまり知られていない話のかけらをいくつか拾ってみよう。

楠木正成の幼名「多聞丸」にあやかった彼は、とにかく若いじぶんから闘志旺盛、やる気満々、軍人最適の人物だったらしい。

六年目大佐、ということは大佐の最後年を軍令系あるいは海上系エリート将校のたいていがそうであったように、戦艦の艦長として過ごした。艦の名は「伊勢」。そこでの多聞丸大佐は戦闘に勝つためには〝戦技〟に勝て、戦技に勝つためには競技に勝てとばかり、とりわけ短艇競技には猛然熱を入れ、乗員たちにハッパをかけた。

「短艇は艦の分身なり」――クルーは毎朝、四時起床、雨の日も風の日も漕ぎに漕ぎ、しばしばその艇尾座には艦長の姿も見られたという。

艇員は期待にこたえた。昭和一三年一月、年度初頭に佐伯湾で行なわれた第一艦隊レースでは、予選で「伊勢」選出五クルーのうち三クルーまでが一着となり、しかも決勝戦で、その三クルーが一、二、三着を独占する圧倒的勝利をかちとった。

そしてその七月、二度目の競技が開かれた。「いよいよ戦いの日は来た。漕いで漕いで、漕ぎまくってこい」の艦長訓示に送り出されたのは兵科二クルー、機関科一クルーの特艇員たち。彼らはまたも各組予選の一着を占め、さらに決勝ではまたまた一着から三着までを「伊勢」が独りじめする、驚異的完全勝利をなしとげてしまった。優勝旗を迎えた「伊勢」乗員は多聞丸艦長を胴上げし、艦内は大勝利の歓声でどよめきにどよめいた（『軍艦伊勢・上巻』）。

彼が熱を入れたのは短艇だけではなかった。角力《すもう》もそうだった。どの艦にも特艇員同様、角力部員がいてリーダーとなり、熱心、猛烈に稽古する。甲板の上に〝角力マット〟という、いざ艦底損傷、防水というようなとき、防水蓆《せき》にもなるマットを敷いてぶつかりあっていた。だが、「伊勢」だけはそうではなかった。山口艦長はなんと中部上甲板右舷に、土の土俵をつくらせてしまったのだ。よその艦にそんなのはない。

これだけを見ても、いかに彼が物事を徹底してやる気性であったかが、うかがえるではないか。航海中は波に洗われないよう、土俵にケンパスの覆いをかけておいたのだそうだ。

すべからく武人は死せ

昭和一三年一一月、少将に進級した彼は艦を降りることになった。第五艦隊参謀長へ栄転であった。ふつうなら機動艇に乗せ、甲板から〝帽振れ〟でハイさようならである。ところ

が、「伊勢」乗員はそうはしなかった。金ブチの将官敷物を敷いたカッターに多聞丸をすわらせ、艇首には少将旗をひるがえし、特別短艇員《ボートクルー》がオールの一漕ぎ一漕ぎに敬愛と惜別の念をこめて桟橋まで送ったのであった。

これは海上武人に捧げられる最高の栄誉のしるしだったし、信望のバロメータでもあった。多聞少将の胸はさぞ幸福な思い出と喜悦で、いっぱいにふくらんでいたことだろう。

海上航空部隊指揮官として戦死したのだが、生え抜きの飛行機屋ではなかった。もとはといえば、水雷学校を出た水雷屋。大尉、少佐時代にはドイツからの戦利品である潜水艦を地中海から内地へ回航したり、第一潜水戦隊参謀をつとめたりと、ドンガメ社会へも首を突っこんだが、どういうわけかすぐ足を洗ってしまった。あるいは俊秀のゆえに洗わされたのか？　昭和一五年一月、第一連合航空隊司令官になったのが初の航空勤務だった。

二航戦司令官になってからの昭和一六年夏のはなし。艦隊練度も最高に達し、いよいよ夜間攻撃の訓練をすることになった。触接隊の照明下に雷撃を加えるのだが、目標とする仮想敵艦からサーチライトで反照を受けたとき、攻撃隊は眩惑されて危険に陥るのではないかと非常に心配された。

このとき、山口司令官は自ら攻撃機に搭乗して探照灯照射による危険度を確認し、その上で攻撃訓練の採否に断を下したのだった。ただ、口先で号令をかけるだけの指揮官ではなかった（海上自衛隊『海幹校評論』）。

まだ「伊勢」の艦長だった時代、初級士官教育に、

「仮想——中支において陸戦隊が日本大使館護衛中、暴動発生。武装解除せば日本国民の生命を保障すとの申し入れあり、処置如何？」

と課題を提出した。ガンルーム一同、頭をかかえたらしい。翌日、山口艦長は、

「日本海軍には武装解除も、捕虜も絶対にない。すべからく武人は死せ。死におくれは恥」

と明示したという。平時から常に心を戦場におく多聞少将の心事はさわやかであり、まさにその言葉どおりに自らを処置していった。こういう戦将がもっと日本海軍にいたら……そして、中将にも海軍大将にもなって戦って欲しかった、と思う人はきっと多いはずだ。

若かった水雷学校学生のころ、のちに第六艦隊司令長官になった醍醐忠重大尉と神田の千葉道場へ通ったり、忍術道場にも通ったりしたそうだ。また、長い航海から帰宅するときに

は、お手伝いさんにもおみやげを忘れない細やかな情愛の持ち主でもあったという。

艦隊司令長官と艦隊司令官

大戦中、戦線へ出たわが「海軍少将」たちは、みな山口司令官のように部隊の先陣に立って活躍した。しかし、まだ明治時代の日本海軍では、リア・アドミラルの語義そのままのポジションで戦ったこともあった。

たとえば、ときは明治三八年五月二七日、あの日本海大海戦のときに、そんな例が見られる。その日、わが艦隊が北上してくるロシア艦隊の頭を押さえこむため、有名な「十六点回頭」をし、さらに戦《いくさ》がたけなわとなった午後二時四〇分頃の陣列は次のようになっていた。

第一戦隊が戦艦「三笠」「敷島」「富士」「朝日」巡洋艦「春日」「日進」と単縦陣にならび、その後に第二戦隊の巡洋艦「出雲」「吾妻」「常磐」「八雲」「磐手」の五隻が、これも単縦陣で続航していた。このとき第二戦隊ほんらいの五番艦、巡洋艦「浅間」は敵弾による舵機故障で一時、隊列をはなれていた。

さて、そのときのわが軍指揮官の乗艦は、ということこうなのだ。

○第一戦隊先頭艦「三笠」——第一艦隊兼連合艦隊司令長官東郷平八郎大将が座乗、全軍を指揮するとともに第一戦隊を直率。

○第一戦隊殿艦「日進」——第一艦隊司令官三須宗太郎中将が座乗。

○第二戦隊先頭艦「出雲」——第二艦隊司令長官上村彦之丞中将が座乗、第二戦隊を直率。
○第二戦隊殿艦「磐手」——第二艦隊司令官島村速雄少将が座乗。

したがって、以上の四隻はいずれも将旗をかかげる旗艦だった。

「なんだかまぎらわしいなぁ、やれ艦隊司令長官だとか、艦隊司令官だとか。それに二つの部隊に旗艦が四ハイだなんて、なにか書き間違ってやしないか?」

といわれそうだ。まことにごもっとも。だが、彼らの官職名、配置を正確に書くとこうなってしまうのだ。

当時、艦隊の規模や構成、職員の任務だとかをきめたものに「艦隊条例」という規定があった。そのなかに、

「艦隊ニ司令長官及司令官ヲ置ク……司令長官ハ親補トス」
「司令長官若ハ司令官ノ乗ル所ノ軍艦ヲ旗艦ト称ス」

というきまりが書かれていた。そして艦隊には一人の司令長官と二、三人の艦隊司令官がおかれ、司令官は艦隊の一部を指揮したり、分遣するときそこの親分になるよう定められていた。で、日露戦争のときは、すでにわが艦隊は戦隊に区分されており、司令官は各戦隊一番艦の艦上で指揮をとっていた。

第一、第二戦隊の場合は、先頭艦には艦隊司令部が乗って下知するので、三須中将、島村少将はしんがりを承って（時にはビリから二番目を）「日進」「磐手」に将旗を掲げたというわけだった。まさにご両所リア・アドミラルとして存在したのである。

双頭の戦隊

しかし、先頭旗艦に大損傷とか沈没、そんな事故が発生して号令がかけられなくなったとき、部隊の最後尾からでは実際問題として指揮がとりにくいではないか。ただし、何らかの戦略戦術上の理由から、艦隊が一斉に一八〇度の回頭をするときには、司令官旗艦が先頭にたって嚮導でき、都合がよいのだが……。

それに、この二七日のように先頭司令部になんらのトラブルも起きなかった場合、リア・アドミラルはまったく不必要な存在になってしまう。

海戦勝利の夜、島村司令官は川島「磐手」艦長、竹内参謀と三人で祝盃をあげようとした。だが、「磐手」には敵弾が一九発も命中し、将官公室は大破損して食器もたいがいは粉砕されていた。ようやくシャンペンを一本見つけ出すことができたものの、盃はシャンペングラス一個、シェリーグラス一個、ワインコップが一つだけだった。

三人は艦尾の将官休憩室でささやかに勝利を祝った。このとき艦長と参謀はシャンペングラスを司令官にとらせようとしたのだが、謙抑な島村少将は、「自分は、今日は観戦者にすぎなかった。戦をしたのは艦長である」と強くことわり、艦長にシャンペングラスを持たせたそうだ。これはけっして司令官の皮肉ではないのだ。

さて、日露戦役のとき戦隊組織はできていたものの、はっきりそれが法令のなかに顔を出したのは、大正三年に艦隊条例を改め、「艦隊令」を制定したときだった。「艦隊ハ必要ニ応シ之ヲ戦隊ニ区分ス」と。

そしてこんな、部隊に頭を二つ置くような方式は好ましくないと判断したからだろうか、大正八年、艦隊令を改正したとき「戦隊ニ司令官ヲ置ク」と明示し、さらに艦隊司令長官が戦隊を直率するときは、そこには戦隊司令官を〝置カサルコトヲ得〟と規定したのだ。

たとえば、第一艦隊司令長官以下の艦隊司令部は第一戦隊の旗艦に乗り、同時に第一戦隊司令部を兼ねることに正式にきまった。これでやっと、リア・アドミラルがリア・アドミラルでないリア・アドミラルになったのであった。

と思っていたら、昭和に入ってからまた双頭の部隊が出現してきた。あの〝置カサルコトヲ得〟の文句がくせ者だった。昭和七年度の艦隊編制で、第一艦隊司令部と第一戦隊司令部の職員が別々に発令されたのである。

八年度もそうだった。第一戦隊は戦艦「陸奥」「金剛」「榛名」「日向」の四隻。第一艦隊長官の小林躋造中将がGF長官を兼ねて、旗艦「陸奥」に乗りこんで直率していた。そして第一戦隊司令官は海兵三二期のクラスヘッドで良識派、条約派の提督として知られ、山本五十六元帥の盟友でもあった堀悌吉少将。彼ははじめ「日向」を司令官旗艦とし、つぎに「榛名」、また「日向」へと、昭和八年を転々と移動していたのだ。なぜ、こんな明治に逆もどりしたような形態をとったのか？

こんなかたちは一一年度まで続き、この年の第一戦隊は「長門」「扶桑」「山城」「榛名」

だった。GF長官高橋三吉中将が「長門」を旗艦とし、原敬太郎中将が戦隊司令部を四番艦「榛名」においていた。「榛名」はご存知のとおり、大改装で三〇ノットを出せるようになったばかりのスピード艦である。

そのころ、決戦のはじめに敢行する、重巡部隊を中心とした前進部隊突撃の推進、掩護に高速戦艦の使用が企てられていた。その運用法研究のため、この年は「榛名」を原中将の旗艦にしたのだという。そう聞けば話はわかる。

こういう研究は九年度あたりから始められたそうだが、では、七、八年度の司令部分離はどんな理由でだったのか、となると筆者にはまだわかっていない。

だが、その一一年度後半からは、新たに高速戦艦「榛名」「霧島」で第三戦隊を編成したので、二つ頭をもった妙なかたちの戦隊はふたたび消え、これで完全に、艦隊後部指揮官としてのリア・アドミラルはいなくなったのである。

雲上の人——海軍中将

お山の大将ではないが、海軍軍人の最高階級は当然のことながら海軍大将。だからその次に位《くらい》する海軍中将も、兵員の目には見上げればカスムほど高い存在にうつった。そこは、彼らのゼッタイに手のとどかない雲の上なのである。

昭和海軍では、兵からその地位に到達することはできないという表だった規則こそなかったが、四等兵を出発点に一歩一歩のぼり始めて少佐になればもう定年、息がきれてしまうのだ。太平洋戦争後期、進級の坂道が多少ゆるやかになってからでも、最高、海軍中佐に昇れた人がたったの四人だった。

これから推しても、海軍での中将のエラサ度合はおよそ見当がつこう。数字で見てみると、日華事変が起きる一年少し前の昭和一〇年末、海軍現役軍人の総数は九万八八九六人だった。そのうち、兵科、軍医さん、ペイマスター、技術系すべてひっくるめて、各科の中将といわれるオフィサーはわずか三四名にすぎなかった。うち、これからしばらく話題にする「バイス・アドミラル」、すなわち兵科の海軍中将は二九名、〇・〇三パーセントである。

やがて大戦が始まり、ブクブクにふくれあがってしまった海軍は、昭和一九年末には、応召者をふくめ一二九万五一〇〇名の膨大な人員をかかえていた。そのなかで、現役「海軍中

将」の数は九二名。平時の三倍の数になっているものの、率になおすとなんと〇・〇〇七パーセント、まことに小さな値になってしまうのだ。

ほかに召集で呼び出された予備役中将もいたが、数は少なく、この比率を大きく変える影響はほとんどあるまい。

したがって、太平洋戦争中、バイス・アドミラルの見た目のエラさ度は、さらに高まったというわけだった。ならば、そんな〝エライお方〟には、どんな人士がどんなふうにして選ばれていったのだろうか？　まず平時からあたっていってみよう。

大正末から日華事変の始まるころまで、海軍では、少将を四年ないしは五年つとめなければ、各科とも中将には進級できなかった。武官進級令には「三年」の実役停年と定められていたが、それはあくまでも〝進級に必要な資格取得年限〟という意味で、実情はいま書いたとおりだった。

ところで、戦後、大きな企業などでもやり出したところが多いようだが、あるレベル以上の社員の昇進順位づくりや大事なポストへの抜擢などの資料にと、平素から個人個人の人事考課表を毎年作製し、累積しておく方式がある。サラリーマンにとってのエンマ帳調整だが、これは、もとはといえば海軍が実行していた方法だった。それを二年現役士官や予備学生でネービーに行ってきた人が、「これは良いシステムだ。わが社にも適用すべきである」とかいってマネをしたのではあるまいか。

明治二三年から始めていたやり方で、士官だけでなく、下士官それから下士官任用資格のある兵長についてもあてはめられていた。「考課表調整官」という任にあたる、各個人についてのしかるべきコワイ上司が書きこんで、さらにそれを、生殺与奪の権をにぎる上部機関へ進達していたのだ。

たとえば、艦隊司令長官は参謀長、機関長、軍医長、主計長、法務長、艦隊に所属する艦船の長、隊の司令それから司令長官に直属する士官、特務士官たちの考課表を書いた。

大佐から少将へ進級させるときには、人事局ではこの考課表をそれまでの「八年間分」についてくわしく調べ、昇進候補の順序をつけたのだという話である。

また、いったん少将になってしまうと、もう考課表というものはなかった。この制度は奏任官以下、すなわち武官では大佐以下にしか適用されなかったからだ。アドミラルともなれば考課表を一方的に書く立場、また下から上げられてくるそれを受けとり、チェックし、ニラミをきかせる側に立つのだ。

しかも、少将から上の階級には抜擢進級はない。佐官までの抜きつ抜かれつの競争は止んで、〝淘汰《とうた》〟だけ。ここからは水流先《さき》をあらそわず、ただ、しだいに流れを細くして昇進させていくのだった。かりに少将になるとき、A、B、C、D、E、Fの順序だったとすれば、二年後、三年後にはトータされて、たとえばA、C、Fの三人が残り、さらに翌年はCが間引かれてA、Fが中将にのぼる、という具合だったのである。途中、D、C、A、E、なんぞと順序がくるうことはなかった。

毎年発行される現役海軍士官名簿のページの上に名前が載らなかった人は、予備役に編入されたのだ。そして、こういう将官人事は人事局長みずからが慎重に検討・立案し、それを海軍大臣が天皇の決裁を得て発令したのであった。

中将は年俸五八〇〇円

欽定憲法だった旧憲法のもとでは、「広辞苑」によると、官吏とは「国家に対し忠実に無定量の勤務に服した者」のことと説明されている。

それほど無定量に働いたかどうかは別として、彼ら官吏の身分の高下を表わす等級分類に「高等官」というのがあった。その下が「判任官」で、武官でいうと陸海軍の准士官、海軍ならば各科の兵曹長が判任官一等、以下に下士官がつづいていた。陸軍の伍長、海軍の二等兵曹は判任官四等というわけである。

高等官にもいくつかの段階があり、簡単に表示してみると4表のようになる。「武官のうち最高位は大将だから、彼らが高等官一等だろう」と思いやすいがさにあらず。この方がたは一等のその上、「親任官」というトビ抜けてエライ官位の人たちなのだ。大将の辞令には天皇が親署し、「天皇御爾《ぎょじ》」の印が押され、内閣総理大臣が副署して発令、親任式を挙行して任命されたのであった。

というわけで、〝高等官一等〟の身分にあるのは陸海軍各科の中将だった。

それからこの表でもわかるように、武官には高等官九等に該当する階級はなかった。当時、といっても昭和一九年ごろ、この等級に定員のあった官庁は少なく、文部省が直轄する学校の教授、小学校の先生、それから運輸省航海訓練所の教官ぐらいだったようだ。

では、バイス・アドミラルのエラさ程度を、こんどは各官庁を通じ横から比較してみるとどうなるか。

やはり同じ昭和一九年のそのころ、いろいろな役人がいたが、内閣では内閣書記官長、法制局長官、賞勲局総裁などが高等官一等、もしくは二等だった。各省の政務次官と次官、東京、京都をはじめ各帝国大学の総長と教授の一部、いわゆる〝勅任教授〟といわれた近寄りがたい先生がたがそうであり、また警視総監もその一人だった。ほかにもたくさんいるが、きりがないのでこのへんで止めておこう。

ならば、そんな彼らは月々、どの程度の給料をもらっていたのだろう。他人のフトコロを

4表　海軍武官の官吏としての等級

高等官	勅任官	親任官	海軍大将
		一等	海軍(各科)中将
		二等	〃(〃)少将
	奏任官	三等	〃(〃)大佐（予備士官を含む）
		四等	〃(〃)中佐（〃）
		五等	〃(〃)少佐（〃）
		六等	〃(〃)大尉（予備士官・特務士官を含む）
		七等	〃(〃)中尉（〃）
		八等	〃(〃)少尉（〃）
		九等	

覗くのもなんだが調べてみると、それは月給ではなく年俸になっていた。

まずわれらが中将閣下たちには、年額五八〇〇円のお手当である。くらべて内閣書記官長、法制局長官、各省政務次官と次官、警視総監は同じく五八〇〇円。賞勲局総裁は少々さがって五一〇〇円だったが、これはリア・アドミラルの五〇〇〇円をチョッと上まわるていどだ。帝大総長には一給俸、二給俸の別があり、各六二〇〇円、五八〇〇円だった。

いっぽう、下を眺めてみるとガンルームの独身貴族、高等官八等の少尉ドノは八五〇円、バイス・アドミラルの約七分の一である。さらに下がって判任官四等・二給俸海軍二等兵曹氏は、月俸を年額に換算してもやっと二六四円にしかならないのだ。およそ二〇分の一、雲をいただく高峰のテッペンと麓ではかくも差があったのである。

ついでに書くと、親任官は内閣総理大臣と各省大臣、企画院総裁、情報局総裁やら在外各国の特命全権大使など。陸海軍大将はこういう人たちと同格だったのだ。

またまた彼らの財布をうかがってみよう。海軍大将の年俸は六六〇〇円である。だが、総理大臣はグッと高い九六〇〇円。これは首班として、〝天皇を補弼《ほひつ》する〟他の国務大臣たちをリードし、内閣を運営していくのだから当然だろう。各省大臣は六八〇〇円、特命全権大使は大将と同額の六六〇〇円、情報局総裁は少し低い六二〇〇円だった。

さらにつけ加えると、現在の自衛隊の統合幕僚長たる「将」は各省の事務次官と同じ俸給だ。陸、海、空幕僚長である「将」は警視総監や防衛大学校長などと同等の待遇であるらしい。その他の「将」はもっと下がる。こういう格づけが、わが新生国軍のジェネラル、アドミラルにとってふさわしい処遇であるか否か、皆さま方のお考えはいかがであろうか。

大物中将――秋山と佐藤

海軍大将以下の将官ランクがきめられたのは、まえに書いたように明治二年七月だった。そして、第一号「海軍中将」に任命されたのは、維新のとき北海道は五稜郭の戦いで名をあげた旧幕臣榎本武揚《たけあき》さんである。

明治元年八月から翌二年五月まで幕府艦隊を率いて北へはしり、海・陸の軍勢を見事に統率して官軍と戦い、しかも戦闘のあいだに、人情味のあるいくつもの美談を残した。そのへんのいきさつはここにあらためて記すまでもあるまい。

衆に推されて江戸脱走組の「総裁」になったほどの人物だった。かつ、前後六年におよぶオランダ留学からのハイカラ洋行がえりである。だからこそ、明治五年、黒田清隆の多大の尽力によって赦免され、七年一月にバイス・アドミラルに任ぜられたのだろう。佐官ぐらし、少将生活は省略して、いきなり「任海軍中将」だった。

ところが、中将になると同時に駐露特命全権公使としてロシアに渡り、以後、現役軍人でありながらまるで海軍は兼職であるかのようなつとめが始まったのだ。結局のところ、明治一三年二月から一四年四月まで海軍卿をつとめたのを最後に予備役に入っている。

そんな榎本武揚については評価がまちまちで、武人としては幕府海軍にいたときまで、明治政府に出仕してからは外交官、政治家としての働きがエラかったのだ、という説が強い。さらになかには、「いや、幕末海将としても、榎本より荒井郁之助のほうが第一級だった」と強調する人もいる。

荒井とは脱走艦隊の司令官役である海軍奉行だった人物だ。箱館着港後に行なわれた、さっき〝衆に推されて〟と書いた選挙では、じつは投票数では彼の方が多かったのに、総裁を榎本にゆずったのだという話もあるくらいである。

例の痛快な「宮古湾海戦」で、「回天」艦上から幕軍艦隊を指揮したのはこの人だった。榎本サンが中将に任ぜられたころ、荒井サンにも「海軍少将でニューネービーにどうか」と交渉があったのだそうだが、彼はそれを丁重にお断わりして中央気象台長になったのだといわれている。

昭和海軍、ことに大戦下で活躍したバイス・アドミラルは枚挙にいとまがないが、明治、大正の頃にはどんな人物がいただろう。

まず筆頭にあげるとしたら、〝本日天気晴朗なれども波高し〟の名電報で知られる、日本海海戦をGF中佐参謀として戦った秋山真之中将ではなかろうか。だが、彼とならぶ海軍の戦略・戦術家は、となればなんといっても佐藤鉄太郎中将の名も出さなければなるまい。

秋山提督が「基本戦術」「応用戦術」を創《つく》り出した理論的戦術家であるとすれば、佐藤中将は戦史にもとづく経験則的兵術家といってよいだろう。少佐時代、山本権兵衛に認められてイギリス、アメリカに派遣され、国防上の観点からアチラの戦例を克明、丹念に調べあげ、結論を引き出して明治三五年に『帝国国防論』を著した。この本は明治天皇に奉呈されたのだが、彼はさらにこの所論を海大教官としての講義に発展させ、四一年に「帝国国防史論」の一書にまとめあげた。

いうまでもなく、彼の説くところは海主陸従論だ。「如何ナル国ト雖、海上ヲ通過セズシテ其ノ陸軍ヲ我国境内ニ侵入セシムルコトハ絶対ニ不可能デアル……我国ノ惶《オソ》ルベキハ敵ノ陸軍ニアラズシテ敵ノ海軍デアル……」と。

陸軍を出し抜いて海軍軍備優先をふりかざしたのだから、大陸政策をかかげる陸軍にとっておもしろいわけがない。すでに、前著『帝国国防論』の献上あたりから陸海軍の確執が始まったといわれている。

日清、日露の戦場にも出た佐藤サンは、マハンとはちがって実戦の勇士であった。大将になって当然だったはず、と思うのだが大正一二年、中将で退《ひ》かされてしまった。海軍の伝統に反する軍令部強化の発言が、加藤友三郎大臣ににらまれたためだといわれている。太平洋戦争中の昭和一七年に死去。

戦局慌しい当時のこととて伝記もなく、わずか一本、知友による思い出を集録した四十ページばかりのパンフレット『藍渓《らんけい》佐藤将軍追憶手記』が残るのみで、敗戦後は名を知る人も少なくなった。しかし、忘れてはならない提督の一人なのである。

中将進級——評価基準が変わる？

ところで、各階級、いずれの配置もそうなのだが、将官がすわる海上陸上のポストも海軍省官制とか定員令で、どこにどのランクの人間をもってくるかピチッときめられていた。

金ピカ、ベタ金の襟章が輝く第一年目、本人はもちろん、はたの者にも、彼にはいかなる椅子が待っているか気になるところではないか。まずは実例にあたってみよう。ただし、ここではあとに記す機関科出身者は一応のぞいて、デッキ系一年生リア・アドミラルについてだけ調べてみた。5表がそれだ。

軍令部出仕、海軍省出仕というのは書かなかったのだが、こうしてみるとじつにバラエティーに富み、「さすが少将、ふさわしそうな、いろんな配置があったもんだなぁ」と思う。でも、このなかには「うん、これなら四年後、中将確実だな」と、頬をゆるめてもよい未来の明るい配置もあったし、「そろそろ俺もリタイアだな、ま、少将になれただけで結構だ」と、あきらめたほうがいいポストもあったのである。

5表　1年目少将の主な配置先

大正15年度	昭和5年度
佐世保艦船部長	横須賀人事部長
軍令部参謀	第1水雷戦隊司令官
1F兼GF参謀長	霞ヶ浦航空隊司令
横須賀防備隊司令	海軍大学校教頭
呉防備隊司令	軍令部参謀
艦政本部総務部長	佐世保艦船部長
呉工廠砲熕部長	舞鶴要港部工作部長
水路部長	呉軍需部長
佐世保鎮守府参謀長	海軍砲術学校長
呉工廠水雷部長	2F参謀長
2F参謀長	
第1水雷戦隊司令官	
第2潜水戦隊司令官	
東宮武官兼侍従武官	
昭和10年度	
軍令部第3部長	第5戦隊司令官
第1水雷戦隊司令官	航空廠飛行実験部長
佐世保防備戦隊司令官	横須賀工廠造兵部長
横須賀　〃　〃	第2潜水戦隊司令官
〃　鎮守府参謀長	2F参謀長
佐世保　〃　〃	上海特別陸戦隊司令官
呉　〃　〃	海軍通信学校長
〃人事部長	呉工廠砲熕部長
〃軍需部長	航空本部教育部長
横須賀人事部長	中国公使館付武官

将来がバラ色であるか否か、それは同期のうち何番目で大佐から少将に進級できたか、によってもあるていどの予測はついた。6表を見ていただきたい。

海兵二九期生から三七期生まで、彼らは四回から五回に分かれてベタ金社会に参入している。その彼らが、さらにバイス・アドミラルへどんな分布で昇ったかを示すと、この表のようになるのだ。

やはりクラスのうちでも、早く少将になれたグループのほうが、中将への昇進率が高いといえよう。長距離マラソンに似ている。

とはいっても、その優位性は、大佐から少将になるときほど強くはなかったようだ。一回目少将進級者だからといって「全員確実に中将になれる」とは、ご覧のとおりとても言いきれないのだ。二回目昇進者はなおのこと。

バイス・アドミラルになると艦隊司令長官の職務がひかえている。となれば、彼らへの評価基準も、個々人のおさめた専門の術科的内容をこえ、さらに高い総合的な兵術能力をもっているか、またいっそう大きな将帥としての器をそなえているか、そういうことに比重が移されたからだろう。

「高級指揮官ノ素養ニ必要ナル高等ノ兵学」を教えた海大甲種学生の履歴は、だからこの段階で大きく作用したといえそうだ。海兵三一期から四一期までの甲種学生卒業者をあたってみると、少将で予備役に入った人は二四パーセント、なのに中将へあがった人は五四パーセントもいることからもうかがえよう。

したがって、これはという人物はたとえ少将選抜四回目、五回目でも中将に進級している。6表のなかではもぐり屋の和波豊一中将がそうだった。山本五十六元帥と同クラスの海兵三二期、若い頃、駆逐艦長で暗礁に乗りあげたのがたたって進級がおくれたのだといわれている。しかし、潜水艦の経歴が豊富なので、海軍部内では重要視されていた。

海大も卒業しているし、非常に人の面倒みがよく、

6表　海兵クラスの少将・中将進級状況

海兵卒業期	1回目少将進級	2回目少将進級	3回目少将進級	4回目少将進級	5回目少将進級
29	12（9）	2（0）			
30	2（2）	21（7）	2（0）		
31	10（7）	7（3）	4（3）	1（0）	
32	3（3）	9（7）	8（4）	2（1）	
33	6（5）	12（7）	7（2）	1（0）	
34	1（1）	8（5）	15（5）	1（0）	
35	3（3）	19（9）	2（1）		
36	2（2）	15（12）	7（4）	1（0）	1（0）
37	5（4）	16（9）	13（7）	3（1）	2（1）

注：（　）内が中将進級数

上下から敬愛され、信望ある人物だったらしい。昭和一〇年一一月、ついに任中将、翌年春に離現役した。

ところでこの和波さん、なかなか面白い洒脱《しゃだつ》な一面ももっていたようだ。甲種学生だったころ、彼が世話役になり十名ばかりの一行で日光へ旅行した。

東照宮に着くと廟の入口に「見物料一円、軍人学生半額」と書いてある。そこで、和波幹事は切符売りのお爺さんのところへ行き、「僕らは軍人で半額、学生だからまたその半分でいいわけだな」と交渉を始めた。

お爺さん目をパチクリさせたが、それも一応りくつなので、「何か校長サンの証明があればまけましょう」とこたえた。すかさず彼は、「校長はここにいないが、私が監督です」といって名刺を差し出し、とうとう一人二十五銭にまけさせてしまった。

しかし見学が終わったあとで、「ありがとう。では、この値切った分はお宮に寄進しましょう」と金一封をわたし、みんなさわやかに引き上げたそうだ。さすがはやることがスマートな海軍士官たち。

ともあれ、中将進級時には、評価尺度が佐官時代までとでは多少変えられたように思える。

中将昇進、ゼッタイ大丈夫

「オレは中将まちがいなし」と、心ひそかに認めていた自信家も、リア・アドミラルになって一年、二年とたつうちに、「だが、ホントに大丈夫かな?」と多少は不安に思ったこともあろうではないか。なにしろ、大正一五年から昭和一二年までの間にデッキ系統の少将になった人のその後を調べてみると、うち五九パーセントだけが、バイス・アドミラルになれたのだから。

けれど、三年あるいは四年を無事つとめあげ、最古参少将として「軍令部出仕」以外のなんらかの配置をもって現役士官名簿に生き残れると、ほとんど中将昇進は確実だった。間もなく待命、予備役編入の運命にある〝名誉中将〟であったにしてもだ。

が、まれには軍令部出仕の辞令をもらいながら中将に進級、さらに現役で働いた人もいる。のちに大将に昇進する井上成美少将がそうだった。一年ちかく軍令部出仕兼海軍省出仕の身分ですごしたが、この間、永野修身海軍大臣の特命をうけて、「機関科将校問題」解決の研究に、秘密裡に働いたのだった。

人事にゼッタイということはないようだ。

といっても、リア・アドミラルのとき、この職につけばよほどのことがないかぎり海軍中将になれる、と太鼓判を押せる椅子もあるにはあった。

ずらっと書きつらねてみよう。

海上——練習艦隊司令官、第一遣外艦隊司令官、（戦艦・巡洋艦）戦隊司令官、航空戦隊司令官、第一艦隊兼連合艦隊参謀長、第二艦隊参謀長

陸上——軍務局長、人事局長、教育局長、大学校校長、兵学校校長、軍令部第一部長・第二部長・第三部長・第四部長、横須賀工廠長、呉工廠長、佐世保工廠長、広工廠長、航空廠長、水路部長、鎮海要港部司令官、旅順要港部司令官、馬公要港部司令官

以上は日華事変が始まる前の平時、大正一五年から昭和一二年へかけての調査だが、ベタ金・チェリーマーク二個への主な有望コースはこんなところだった。

それからもう一つ、調べているうちに気がついた面白いエリート配置に、天皇のお側《そば》に仕える「侍従武官」があった。今村信次郎、出光万兵衛、平田昇……ほとんどの皆さんが中将になっているのだ。

海軍武官進級令第十条は示す、「各科大佐以上ヲ進級セシムルハ上旨ニヨル」と。でも、陛下が直接少将、中将の進級に口を出されることはあるまい。将来、バイス・アドミラルにふさわしいと目された人物のなかから、選ばれた少将が宮仕えを命じられたのであろう。

さて、中将にめでたく昇進した彼にはありとあらゆる海軍の要職、栄職が待っていた。連合艦隊司令長官、海軍大臣、軍令部総長、軍事参議官……。

「え？　連合艦隊司令長官には海軍大将がなるんじゃないのか、山本五十六、古賀峯一、みんなそうだったし」

と反問されそうだが、そうではない。

およそ、海軍のなかの、これは最高のポストに部類すると考えられる職で、大将に限るとされたものは一つもなかった。いま書いたそれぞれもすべて「海軍大将もしくは海軍中将」が、定員令あるいは海軍省官制によって補職を規定された地位だった。

しかし、だからといってなりたての新品中将が、いきなりいま書いたようなキラビヤカな席にすわれはしない。六年目、七年目のコケの生えた古だぬきバイス・アドミラルがふんぞりかえったのである。最後の連合艦隊司令長官は戦争中のため、多少はやまり、小沢治三郎五年目中将だった。

ＧＦ長官に中将でなった例は多い。日清戦争のとき編成されたわが国最初の連合艦隊司令長官伊東祐亨中将がそう、日本海海戦の勝者東郷平八郎元帥も明治三七年六月までは中将司令長官だった。山本五十六サンだってＧＦ長官はじめの一年数ヵ月はバイス・アドミラルですごしたのだ。

海軍大臣では、米内光政大将が親任されたときはまだ中将、吉田善吾大臣は就任から一年後の退任時まで中将のままだった。

異色のバイス・アドミラル

少将から中将へ進むのには、三年の進級停年が必要とされ、じっさいには四、五年かかったことはさきほど書いた。しかし、中将から大将への昇進には、どういうわけかそういった停年の法令上の定めはなかった。

けれど内規では、「六年以上」となっていたらしい。昭和にはいってからは、現実には六年半のときもあったし、六年で大将に栄進できた年度もあった。

これ以上進みようのない最高階級へあがるためには、少なくともこのくらいの中将修業が必要、ということだったのだろうか。大戦中はチョット早くなって、井上成美、塚原二四三といった大将方は五年半の中将歴で進級している。

そしてまた、バイス・アドミラルの全員が艦隊司令長官や戦隊司令官になって、艨艟《もうどう》を意のままに馳駆させることができたわけではなく、全員が「アドミラル」にのぼれたわけではもちろんない。健康その他いろいろな理由、まわり合わせで、せっかくの英才をいだきながら海上勤務から遠ざかり、中将まで昇進したものの大将には進めず、現役を退いた人がいくたもいる。

一人紹介してみよう。波多野貞夫というアドミラルがそんな例にはいる。海兵二八期、永野修身元帥と同クラスで、しかも永野さんは二番卒業だが、その上の首席で江田島を卒《お》えた秀才だった。大尉のとき砲術学校高等科学生を卒業すると、すぐフランスへ、つづいてドイツに留学した。あちらの火薬事情を調査するかたわら、フランスでは膅内《とうない》（砲身内）弾道学を研究したのだ。

以来、火薬の研究と弾道に関する研究ひとすじにすごした。大正九年、火薬廠研究部長となり、さらに一二年、火薬廠長に就任してからは昭和五年まで七年間もその職にあった。

昭和二年には「仏シャルボニエ・シュゴ氏膅内《とうない》弾道式の一般」という何やらむずかしい報告を発表し、予備役に入ってからの昭和一三年に提出した「銅柱測圧装置による火薬ガス圧測定の研究」という論文で工学博士号を授与されている。江田島出身で、ドクター・アドミラルというのはきわめて珍しい例ではないだろうか。

一身の栄達を投げ出すようにして、局限された技術開発の分野に打ちこんだのだが、その大艦巨砲の華はついに太平洋戦争では開かなかった。波多野さんだけにかぎらず、わが海軍では、兵科将校が軍令あるいは軍政、海上の道からそれて技術の方面などに入った場合、どんなに優れた能力をもちまた成果をあげても、大将に昇進することは

なかったのだ。

それからこれは、ちがった意味での異色のバイス・アドミラルだが、大きな戦功をたてたことによる〝二階級特進中将〟も、特異な例としてあげておく価値があるだろう。

士官でも尉官から少佐くらいまでの階層には、相当の人数にのぼる特進者が出ているのだが、大佐から一段とびこえてとなるとさすがに少ない。はじめ二、三人かと思ったが、それでも五名のそんな殊勲者がおられた。

佐藤康夫（海兵四四期）、有賀幸作（四五期）、安田義達（四六期）、中原義一郎（四八期）、松村寛治（五〇期）

佐藤中将は水雷屋、平時から勇猛をもって鳴り、戦争中もその名に恥じず戦った駆逐隊司令。有賀サンも水雷屋だったが、「大和」艦長のとき沖縄特攻作戦で戦死。安田司令は部内有数の陸戦屋で、ニューギニア島ブナで玉砕。中原中将も水雷屋で大戦中、駆逐隊司令として勇戦し、最後は軽巡「長良」艦長で戦死。松村中将は、潜水艦長時代の敵艦船多数撃沈を賞せられたのだった。

以上は〝異色のバイス・アドミラル〟であったが、ここでいま一人、〝異色のリア・アドミラル〟を紹介しておこう。その人の名は武田勇。海兵四三期出身の鉄砲屋で、日華事変勃発時は上海特別陸戦隊参謀、大戦中もふたたび上海特陸の参謀長をつとめ、最後はブーゲンビル島の第一根拠地隊司令官として戦われた方だ。陸軍歩兵学校に学ばれたこともあり、「陸戦屋」色の濃い砲術士官だったが、ここでとりあげたのは、そういう意味においてではない。

終戦後の昭和二二年、武田さんは横須賀港の水先人《パイロット》になった。以来、二四年間にわたり水先案内の第一線に活躍し、なんと七七一一隻の多数の船を無事故で操船し、出入港させたのだ。そのなかには二〇万トン以上の巨大船が五隻も含まれていた。

おなじ海軍将校でも、航海出身や水雷出身の人は操艦がうまかった。しかし、武田少将は「鹿島」や戦艦「伊勢」艦長の経験はもっていたが、本来ならフネの操縦が苦手のはずのテッポー・陸戦屋だった。なのに、この輝かしい業績である。昭和四三年には黄綬褒章を授与された。それは、毎回の操船ごとに詳細な記録を書いて反省、研究した賜物であったろう。そのノートの数は三四冊におよんだという。

カマ焚き将官

まず、おことわりしておきたいのだが、以後、〝エンジニア・アドミラル〟という言葉を時に応じ使うが、日本が師としたアチラの海軍にそのものズバリの階級があったわけではない。〝機関科出身将官〟を表わす意味での、筆者の勝手な造語だ。

もっとも、機関中将、機関少将の意味にイギリスでは、「エンジニア・バイス・アドミラル」「エンジニア・リア・アドミラル」という用語を使った時代はあった。

ところで、〝海軍アドミラル列伝〟的な本が刊行されることがよくある。だが、そのページ、頁に出てくる名前は、ほとんど全部といっていいほどデッキ将官ばかり。エンジニア・アドミラルのネームがあげられたことはまったくないようだ。

それはことほどさように、彼らが地味な目立たない海軍軍人で、「本にのせても一般読者の興味はひかず、受けないであろう」と出版社がみているからにちがいあるまい。しかし、それでは同じアドミラルでありながら、カマ焚き出身将官の存在はぜんぜん消えてしまうではないか。彼らとて、裏方とはいえきわめて重要な任務にたずさわっていたのだ。片手落ちである。

ということで、これから、エンジニア・アドミラルの世界をザッとのぞいてみることにしよう。

「オフィサー物語」のとき書いたように、日本海軍では太平洋戦争一年目が終わる昭和一七年一〇月いっぱいまで、機関科将校の階級は「海軍機関大佐」以下、機関少尉までの六段階に分かれていた。が、その彼らも将官に進級すると、〝機関〟の文字がとれ、江田島出の提督とおなじ呼称の「海軍少将」ついで「海軍中将」へとのぼることになっていた。

でも、こんな兵科・機関科の区別が取り払われた呼び名になったのは、たいして古いことではなく、大正の末、一三年一二月からだった。それまでは、将官になってからもエンジニア・オフィサーは「海軍機関少将」「海軍機関中将」とよばれ、最高位はそこで打ち止め、機関大将というのはなかった。というのも、ジョンブル海軍制度にならったからであり、「エンジニア・アドミラル」は弟子の日本海軍にも存在しなかったのである。

そしてその以前、日露戦争が終わったあくる年、明治三九年一月までの機関科将官は「海軍機関総監」とよばれていた。警視総監や消防総監ではあるまいし、ネービーらしくない妙な呼び名だが、このころのエンジニアは将校ではなく、将校相当官だったのだ。機関総監第一号は、咸臨丸で勝海舟たちとアメリカへ太平洋を押しわたったときの機関長、肥田浜五郎という人物だった。明治一五年一二月の総監任命である。

〝咸臨丸〟の機関長
肥田浜五郎
万延元年三月、
サンフランシスコにて

さらに、その機関総監のできる前は……いや、あまり逆もどりしていると先へ進まなくなるので、このへんで止めておこう。

ともかく、昭和海軍での〝将校である将官〟はアドミラル、バイス・アドミラル、リア・アドミラル三階級で、兵・機区別なしの同一の呼称になっていた。が、だからといって職務の垣根までトッ払われたわけではなかった。機関科出身「海軍少将」たちが配置されるポストは、「海軍機関少将」といった時代とほとんど変わるところはなかった。

それはそうだろう。キカンの二字が名刺から消えたからといって、彼らの能力が急変するわけではない。航海・運用の術にも不案内である。艦長職を経験したことのないオフィサーに作戦計画をたてろ、艦艇部隊の指揮をとれといっても、しょせん実際問題として無理なはなしだった。

カタキとセンキ

艦隊の司令長官には海軍大将、中将、戦隊司令官には中将、少将あるいは大佐をあてることに定員令できめられていた。だが、彼らの幕僚である艦隊機関長には機関大佐、戦隊機関長には機関大佐か機関中佐を置くことにこれも規定されていた。したがって、将官になってからのエンジニアには、グンカンの中にすわれる椅子は一つもなかったのだ。

「?　けれど、連合艦隊の機関長を少将のときにつとめた人がいるぞ」

とご注意くださる方があるかもしれない。たしかにその例はあった。けれどそれは、「大東亜戦争中各科ノ少将、大佐、中佐、少佐又ハ大尉ヲ配スベキ定員ハ各一階上級ノ官等ヲ其ノ定員ト為シ得ル」という一時的な規定によったものなのだ。いわば〝戦時規格〟配置だった。

結局、エンジニア・アドミラルには陸上勤務しかなかったのだが、たとえ臨時にしても少将ですわった「艦隊機関長」とは、一体どんなことをする職務だったのか。

軍艦やら駆逐艦、潜水艦などあらゆるフネにはすべて機関長がいて、艦長の統率のもと、ボイラーの汽醸やエンジンの運転を指揮し、機関科員に命令を下していた。だから、そんな個々の艦艇をたばねた戦隊や艦隊に、別に機関長を置いても、直接かれが各艦の機関運転に命令、号令を下すこともできなければ、またそんな必要もサラサラなかった。

たびたび法令をもち出してドーモ恐縮だが、艦隊令にはこう書いてあった。

「(艦隊、戦隊に置かれる) 機関長ハ司令長官又ハ司令官ノ命ヲ承ケ艦隊又ハ戦隊ノ機関、艦内工作及航空機ノ整備竝船体ノ現状調査ニ関スルコトヲ掌リ各艦船部隊ノ機関長、工作長及整備長ノ職務竝機関科員、工作科員及整備科員ノ教育訓練ヲ監視ス」

というわけで、艦隊機関長《カタキ》、戦隊機関長《センキ》の仕事は間接的であり、戦闘が始まってもほとんど用はなかった。

だから平時は、その年度、実施する訓練や、機関の研究実験運転に使う燃料を有効に各艦艇に配分するよう機関参謀に指図したり、機関長会報とか機関術、工作術研究会とかの会議主宰者におさまるのが主な任務だった。ときには航海中の艦橋にあがり、艦隊、戦隊各艦の走るありさまを見守ったりすることもあった。そのほか要修理艦が出た場合とか燃料補給のさいには、部隊ぜんたいを眺めて適切な指示を出す。

まあ、こんなところが彼の任務だ。きまりきった行動をし、敵弾による損傷艦が出るわけでもない平時のカタキ、センキの毎日は、それほど忙しいものではなかったようである。こまかいお膳立てはみな機関参謀がやってくれるからだ。はっきり言ってしまえば、いささか名目的な存在でもあった。

センキ、淡煙焚火に苦しむ

海軍艦艇の訓練として、激烈、熱心に行なわれたものに「戦闘作業」というのがあった。いわく、大砲では教練射撃、戦闘射撃、魚雷ならば教練発射とか戦闘発射。機関科でも、そんなデッキの戦技と併行して教練運転、戦闘運転が実施されていた。

その作業では、機関科員たちはただヤタラと缶を焚き、エンジンを回しスピードが出ればよいというものではなかった。いくつかのテーマが与えられ、しかるべき成果をあげなければならなかった。

機関長の指揮のもと、防毒面を背負い煙管服《えんかんふく》に身をかためた機関兵たちが、酷熱のなかで汗水浴に苦しみながらフンレイ努力したのだ。たとえば、こんな研究項目が掲げられていた。

「即時全力発揮準備中ノ機関操作法」
「編隊最大戦闘速力発揮中ノ機関操作法」
「電路被害故障ニ対スル応急操作法」などなど。

どれも重要な作業だ。こういう条項にまじって、大正なかばごろから毎年、きまったように顔を出すテーマがあった。

明治のむかし、日露戦争では、勇み立ったわが艦隊はもうもうたる石炭《いわき》の煙を吐き出し、

65　センキ、淡煙焚火に苦しむ

それは天空が暗くなるほどに艦上を蔽った。いかにも威勢はよいのだが、旗艦「三笠」ではその黒煙で、ヤードに掲げる信号旗が他艦から見えにくくなり、艦隊指揮上まことに困ったことがあったそうだ。

やがて飛行機が発達すると、重油で缶を焚く煙さえも遠方から発見される。それに自艦の煤煙のため、遠距離射撃の測距までがさしつかえる状況になってきた。

「これはまずい。なんとか解決しなければ」

そこで戦技の研究項目にあがってきたのが、「淡煙焚火《ふんか》法」であった。その要求は年ごとに厳しくなり、ついには無煙焚火さえ求められるようになった。旗艦に乗っている司令部では、すぐに「煙が黒いっ」といって小言を出す。

さっき、戦隊機関長が航行中ブリッジにのぼることもあると書いたのは、そんな苛酷な要求に苦闘する各艦機関部員の状況に同情しながら、黒煙がいかに戦闘作業に影響をおよぼすか、司令官や参謀がそれにどう対処しているかを、実地に見聞するためだった。艦底にもぐってばかりいたのではわからない。

例の西郷隆盛の弟で、のちに海軍大臣をやった西郷従道という海軍大将がいた。そのまた息子に従親という御仁がいて、この人は機関学校を卒業しエンジニア・オフィサーになった。淡煙化問題が騒がれ出した大正のころ、艦の名前を忘れたのだが、彼は某艦乗組で航行中のあるとき、当直に立ち機関部の指揮をとっていた。

艦を操縦している艦橋の当直将校から、頻繁に「煙が黒い！　クロイッ！」と伝声管にどなりこんでくる。焚火員君たちは一生懸命に努力するのだが、そうそう簡単にはうすくならない。当の従親氏もあわてずさわがず悠揚せまらなかった。とうとう業《ごう》をにやした当直将校は、ついに、

「煙を出すなッ！」とやってしまった。

やおら従親サンの口をついて出た号令は、「給炭待て」であった。煙突から出る煙は次第にあわくなっていった。これを見た当直将校氏、「みろ、やればチャンと出来るじゃないか」

だが当然のこと、艦のスピードまで間もなく消えてしまった。あわてた当直将校は大いに怒《いか》ったが、従親氏の答えは、「煙を出すな、というからくべるのを止めただけだ」

さすが伯父さん、親父さんに似て大人物だった。浮世のことにはトンとあくせくしなかっ

たようだ。であったからか、エンジニア・アドミラルには進級せず（できず？）、機関大佐で海軍を退いた。

ところが石炭から重油に燃料がかわっても難題だった淡煙焚火法は、一駆逐艦機関長の綿密な燃焼状況観察と、ちょっとしたアイディアが手がかりになって見事に解決された。その着想者とは機関学校二六期出身、のちに海軍少将に進級し軍需局第四部長をつとめた坂上富平というエンジニアだった。

彼の考案した遮風コーンという器具をさらに改良した散風器《デフユーザー》が噴燃装置に取り付けられ、重油は煙を出さず完全燃焼するようになったのである。艦隊の研究訓練項目から淡煙焚火法が姿を消したのはそれから間もなくのことだった。

エンジニア司令官

そんなわけで部隊指揮官としての出番はなかった機関科将校たちだったが、ようやく彼らの顔も明るくなる日がやってきた。昭和一七年一一月一日、長年懸案になっていた軍令承行令が改正されたのだ。

その日、「追浜海軍航空隊」と「相模野海軍航空隊」が開隊され、追浜空には機関学校二三期出身の時任茂樹少将、相模野空には同じく二五期出身の田中実大佐が「司令」として着任した。

海機卒業者から初の軍隊指揮官誕生である。それだけでなく、両隊をたばねる「第一八連合航空隊」も編成され、初代「司令官」に近藤一馬少将が任命された。彼も機関学校二一期の出身、エンジニア・アドミラルとしてはじめて、司令部庁舎のポールに高々と少将旗をひるがえしたのだった。

これを仰いだとき、自身だけでなく、列立した全機関科将校の胸に深い感慨があふれたことであろう。

だが、カマ焚き司令誕生、エンジニア司令官出生《しゆつしよう》と喜んでも、これらの航空隊は実戦機で敵と渡りあうための部隊ではなく、学生・練習生に整備術教育を施す練習航空隊だった。

たしかに軍令承行令は改正された。が、それまでの大きなマスをもった、デッキ将校による指揮統率の流れを一ペンに変えることは困難であり、強行すればかえって混乱をまねく。当分、海軍機関大佐が海軍大佐になっても、軍隊指揮の優先権は旧兵科将校に残されることになった。

したがって、そんなウルサクかぶさってくる法規の網をはねのけながら、エンジニアを司令官、司令に任命するについては人事当局もずいぶん苦労したのではなかろうか。その結果が、こういう発令になったのだ。

一八連空司令部と両航空隊のなかに、兵学校出身者がいたのでは承行令上ぐあいが悪い。そこで、副長兼教頭も教官連中もぜんぶ海機出身でかため、あとは特務士官と予備士官でまかなった。

ハタから見るとまったくバカバカしいような手続きだったが、やむを得なかった。こんな考慮をしないで、制度上、兵学校出身、機関学校出身の区別なく自由に航空隊士官の配置が行なえるようになったのは、まだ先の、昭和一九年八月の軍令承行令二回目の改正以後だった。

難きかな、エンジニア中将

いま書いたように、昭和一七年、エンジニア・アドミラルがはじめて少将旗を一本揚げた。しかし、それから二年たった一九年秋になっても、まだフラッグは一本だけだった。相変わらず彼らにとって部隊指揮官の門は狭かったようだ。中将旗になればなおのこと、ポールにひるがえる旗はぜんぜんなかった。機関科士官たちの胸のモヤモヤは消えない。だが、そんな司令官職につける、つけないのその前に、進級のうえで、

「江田島出と差別はなくなっているはずなのに、俺たちは大将どころか、中将にもなかなかなれないじゃないか」

という不満が、彼らの間にわだかまっていた。

7表を見ていただこうか。日露戦争当時から大正なかばまでに海兵・海機を卒業した全人数と、そのなかの少将、中将進級者数を調べた数字だ。ちょうど終戦まぎわに少将になれたクラスまでなのだが、江田島卒業生は機関学校出のほぼ三倍いることがわかる。

7表　兵・機　各クラスの少将，中将進級状況
（死後進級は含まず）

期	海兵			海機		
	卒業数	少将	中将	卒業数	少将	中将
兵32・機13	192	33	15	61	7	2
兵33・機14	171	30	13	30	6	2
兵34・機15	175	27	11	44	7	3
兵35・機16	173	31	13	52	9	3
兵36・機17	191	37	18	61	9	4
兵37・機18	179	48	22	66	7	3
兵38・機19	149	35	20	63	8	4
兵39・機20	148	46	32	58	14	4
兵40・機21	144	48	27	60	14	8
兵41・機22	118	43	23	59	15	6
兵42・機23	117	47	11	44	13	4
兵43・機24	95	42	2	49	22	1
兵44・機25	95	36		35	13	
兵45・機26	89	29		39	11	
兵46・機27	124	24		48	8	

したがって、少将への昇進絶対数は当然、兵学校出が多いが、率になおすと兵・機それぞれ一九・三パーセント、二二・一パーセントでだいたい同じくらい。むしろエンジニアのほうがいくぶん上まわっているくらいだ。

では中将閣下はどうだろう。海軍では、これもさきほど書いたように平時、最低「四年」ほど少将をつとめなければバイス・アドミラルには進めなかった。一時、昭和五年から一一年までは五年間いすわらされる時代もあったが、中将進級数を比較してみると兵学校は一一・二パーセント、機関学校は六・七パーセント、エンジニアは約四割もすくないのだ。

なるほどこれでは不満が起こりそうである。

なぜなのか？　簡単にいってしまえば、海機出身将官の配置される〝要職〟が少なかったからだ。海上はともかくとして、陸上でも、枢要なポストはほとんど兵学校出身将官で占め

られていたためだ。海軍大臣、次官はもちろんであり、大正時代までは、彼ら海兵出の占有度合いはより強い傾向があった。

エンジニアでは軍務局、人事局、艦政局、教育局、どの局長サンの座につくこともできなかった。医務局長には「相当官」の軍医総監、経理局長には主計総監がすわれたのにもかかわらず、局長配置は一つもないのである。そんなころ、例の「機関科問題」がやかましくなってきた。首脳部も、

「これはまずい。部内統制上、なんとか手を打たなければ」

と考えたのだろう、つくられたのが「機関局」だった。大正五年四月に開局、局長には機関中将か機関少将を据えることにした。そこで扱われる事務は、

一　機関ノ使用ニ関スル事項

二　機関将校以下ノ本務及教育ニ関スル事項

だが、しょせんは仕事の必要からつくった局、配置ではなく、〝人を配置するため〟の意味合いが強かった。軍務局の、〝一般海軍軍政ニ関スルコト〟〝海軍軍備ニ関スルコト〟〝国防政策ニ関スルコト〟

……といった取り扱い事務にくらべると、量的にも質的にも大きな差があった。数年後の大正一三年には廃止され、事務は軍務局と教育局へ分割し、移されてしまった。

人のためのポスト、といえば、部長に機関科出身者がなる「艦船部」もそうだった。

「ン？　そこ、何をする役所だ？」

とケゲンな顔をされる方も多いだろう。別に艦政本部の出店《でみせ》なんかではない。

海軍の艦船艇はかならずどこかの鎮守府に本籍を置いていたが——小さな特務艇などでは、一部、警備府に置籍しているフネもあった——その各鎮守府で、在籍する艦船の保存とか修理の事務を取り扱うのがこの役所だった。

もちろん部自体に造修能力があるわけではなく、人数も下士官、書記まで含めて一四、五名。士官はよそに本務をもつ兼務者が多く、どうみてもパッとした張りきりがいのある配置とはいえなかった。

むかし、清水得一という機関学校五期をトップで卒業した、すこぶる優秀なエンジニアがいたのだそうだ。その人が、どういうわけか少将でやめさせられそうになったとき、兵科の野村吉三郎さん（のち大将、駐米大使）と山梨勝之進さん（のち大将、海軍次官）が運動して、「あんな立派な人は配置がなかったら、ポストをこしらえてでも海軍に残さなければいけない」ということになったらしい。

その結果、大正一三年一二月に「艦船部」がつくられ、部長の椅子にすわらされたのだというはなしだ。くびのつながった清水さんはここを無事につとめあげると、幸い機関学校長として舞鶴に転じ、目出たく中将に昇進してから予備役に入った。この、清水さんの余慶による艦船部は途中でつぶされることもなく、終戦時まで存続した。

〝軍需局長〟は機関科専用

そんなあんばいで、エンジニア・アドミラルのポストをめぐる形勢も少しずつ改善され出していた。艦政局が大正九年九月で廃止され、新たに「軍需局」が設置されると、そこの局長には「中、少将もしくは機関中、少将」が任命されることにきめられたのだ。

この局は、一言でいえばわが大海軍の台所をあずかる重要な役所だった。機関局のような名目的官庁ではない。武器、弾薬、被服・糧食から材料・機械類などにいたる軍需品の一切をとりしきり、戦闘、行動の根源となる燃料に関しても、そのもろもろを統轄する。それから軍需産業の監督、指導も業務のうちに入っていた。

という広範囲におよぶ取り扱い事務の関係で、大正一二年からは主計中、少将も局長として配置されることに改められた。しかし、三代目まで兵科系統のアドミラルがその座についただけで、四代目の平塚保中将以降は昭和二〇年の太平洋戦争敗戦まで、とうとうエンジニア・アドミラルが独り占めし、主計科将官もついぞ局長になることはなかった。

そういうわけで、軍需局長が、大正末から昭和のはじめにかけ、機関科士官が登りつめることのできる最高の地位になっていた。

だが昭和八年、彼らにとってエポック・メーキングな人事が発令された。

海軍省の外局に、膨大な権限と予算をにぎり強力な実行力も併せもつ「海軍艦政本部」という役所があったのはどなたも御存知だろう。そこでは、当時、

「艦船ノ船体機関ノ計画、審査、造修及保存ニ関スル事項。兵器ノ計画、審査、造修、保存、準備及配給ニ関スル事項。海軍工作庁工場ノ設備ノ計画及審査ニ関スル事項。造船科造機科造兵科士官ノ教育及本務ニ関スル事項。……」

などの超重要業務を司っていた。巨大艦「大和」も「武蔵」も、それから「信濃」もその設計、建造のイニシアティブをとったのは、ここ艦本だった。そんな泣く子もだまるであろうような権威ある牙城の城主に、海軍はじまって以来はじめて、エンジニア・アドミラルが任命されたのだ。むしろ遅きに失したような人事だったが、機関学校一〇期出身、杉政人中将、先記軍需局長からの栄転だった。

この人の名前は『オフィサー物語』の「遂に大将になれず」の項に出したので、あるいは記憶にとどめておられる読者もあるのではなかろうか。日露戦争のさい、彼は有名な旅順閉

塞戦に二度も参加したのだが、その決死行での沈着ぶりはじつに見事だったらしい。後年実った兵科・機関科一系の実現は、このときの杉少機関士（のちの機関少尉）をふくむ彼ら機関科将兵の勇戦が契機になったともいえる。

さて、艦政本部長になると、そのころは大将に昇進できるのがふつうだったようだ。杉さん以前の艦本長十二人のうち、中将のまま予備役に編入されたのは三人だけだった。そこで周囲の人たちは「いよいよ、エンジニア出身の大将が生まれるぞ」と期待したらしい。なかには早手まわしに、それを予期した祝電を打ってくる人もいたほどだったという。さもあらん。

事実、当局ではその予定だったようだが、昭和九年、水雷艇「友鶴」の転覆事件が発生し、ケッカン艦艇建造の責任をとって彼は惜しくも辞職、離現役するハメになってしまった。残念のきわみだったが致しかたなかった。

それから二人、兵科出身者が続いたあと、また機関科のアドミラルが艦政本部長の座についた。杉さんの三年後輩、上田宗重中将だ。

職掌がらか、エンジニアの彼らには、大胆ではあるがいわゆる豪傑型ではなく、緻密な思考に裏打ちされた細心な行動をとる人物が多いようだ。上田さんもそんな一人で、とりわけ学者タイプだったらしく、「軍人よりもむしろ、帝国大学の教授にでもなったほうがよかったのでは……」と評する人もいたくらいだ。

機関学校一三期を首席で卒業。しかし、健康に恵まれなかったらしい。海大機関学生も卒《お》えているのだが海上勤務はすくなく、外国駐在なんかの経験もなかった。けれど、頭がシャープなうえに努力家、そんじょそこらの船乗り以上に艦のことに詳しかったようだ。

佐世保鎮守府機関長時代、毎月定例の会報で、各艦機関長にたいする上田さんの質問は微に入り、しかも要点をついてくるので彼らは面くらうことがしばしばだった。そして指導はじつに懇切だったといわれている。

四年ちかく人事局の局員もつとめたが、担当する士官の進級や配員の公正を期するためには私情をころさなければならないとして、クラス会へも出席しないほどだった。まれにみる機関科出身将官中の人格者として上下の信望があつく、山本五十六大将による評価もきわめて高かった。

そんな上田さんは、杉中将と同じように軍需局長から艦政部長に栄転していたのだが、昭和一四年一月、在任中に病気で急逝してしまった。こんどこそエンジニアの海軍大将が——と多くの人々は期待したのだが、またしても望みは消えてしまったのであった。

最高ポストは艦政本部長

エラくなるにつれ、海上にポストのなくなる機関科将校には陸上こそが腕のふるい場所であり、「燃料」分野もその最大の一つだった。

軍艦や飛行機をいくら造っても燃料がなくては動きがとれない。なかんずく、重油とガソリンを食って生きるようになった昭和海軍ではしかりだった。なのに日本では石油が出ない。そこで、その石油を外国から買い入れてはツメに火をともすようにして備蓄したり、石炭をなんとかアブラに変えられないかと、海軍は心血をそそいで苦心、工夫した。

そういう苦労をした一人、海機二七期出身、横田俊雄少将は石炭液化の研究で理学博士になった。これは異色の提督といえるだろう。若いころ選科学生で京都帝大へ行き、化学を勉強して機関中佐時代に論文がパスしたのだ。

ところで皆さん、現在も日本の国内をメーター・タクシーが走りまわっているが、そもそもあのメーター取り付けを提案したのは誰だか知っておられるだろうか？

それは海軍石油界の大御所だった柳原博光中将なのだ。いわずとしれたエンジニア・アドミラル、機関学校は二〇期出身、ガソリン合理的使用の一策として昭和一三年、彼が出向で商工省燃料局第二部長をつとめていたとき決定したのだった。

話はそれたがそんなわけで、燃料廠の廠長も機関科将官にとっては栄職の一つであった。

そしてさらに一つ、彼らの大事な活躍場所があった。そこは「造機」部門。ここには造機科の技術科士官がおり、仕事の上で多少、摩擦する面もあったのだが、艦艇用機関の進歩、発達にはデザイン・バイ・ユーザーも必要、という思想から機関科将校のこの分野への進出も重要視されていた。

こういう考え方は明治の昔からあり、最初に着想して言い出したのは、山本安次郎という古い機関中将だそうだ。

この人は、海機が「海軍兵学校付属機関学校」とよばれた時代に生徒教程を卒業した士官で、日露戦争のときは、連合艦隊機関長として日本海海戦にも参加したエンジニア・アドミラルだ。海軍機関技術がダンゼン進歩したのは、その根元をつちかった彼の力が大きいといわれている。

艦政本部第五部はそうした造機の元締めだったが、部員の約半数は機関学校出身将校だった。しかも彼らの多くは、海大機関学生を卒《お》えてからさらに海大選科学生として、一年コースの校内学生で研修したパリパリのエンジニアだったのだ。

海軍最後の艦政本部長渋谷隆太郎中将も、このコースを通り工廠造機部長、工廠長の経歴をふんだ提督だった。

戦後のはなしだが、井上成美大将が、「渋谷も、海軍があと半年か一年、続いていたら大将になれるはずだったのに……」と語ったと伝えられている。機関科出身海軍大将ついに誕生せず、であった。

赤・白は少人数

「赤と白」――説明するまでもなくお分かりだろうが、軍医科士官と主計科士官の識別線の色だ。肩章やエリ章の金スジの両ワキに〝血液〟の赤とか、〝銀貨〟の白をつけたサージャン・アドミラルやペイマスター・アドミラルのあれこれをこれからつづろうというわけであ

る。

戦闘が始まっても、直接武器をとってそれにかかわることのないこの両科は全体の人数が少ない。したがって将官の数も少なかった。

太平洋戦争直前、昭和一六年一〇月一日現在の兵科の人数を例にとってみると、兵員まで含め彼らは一〇万一〇八六名いた。一方、軍医科・看護科はというと五五〇五名、主計科は一万一三二六名だ。ただしこの数には召集者などは入っておらず、現役員だけである。

赤、白それぞれ二〇分の一とか、一〇分の一という数字だった。となると、ベタ金の人数がすくなくなるのも当然だが、その内訳を細かく調べてみると8表のようになるのだ。

「それにしても、軍医中将がたったの一人？ずいぶん兵科にくらべてすくないなぁ」

とお思いだろう。平時はよほどの出来ブツでないと、軍医サンや主計のアドミラルには

8表　各科将官（現役）の人数

	S. 6年1月	S.11年1月	S.17年11月	S.19年7月
海軍大　将	7	8	11	13
〃 中　将	28	29	85	92
〃 軍医中将	1	1	5	8
〃 主計中将	2	2	4	6
〃 少　将	62	91	179	200
〃 軍医少将	5	8	20	25
〃 主計少将	5	8	20	22

なれなかったのか、でなかったら将官進級率に差別があったのか、とカンぐりたくなるが、この点もうすこしよく見てみよう。サンプルとして昭和六年をとってみると、将校は機関科もいっしょにして計三八二九名、たいする軍医科、主計科の士官数はそれぞれ五〇九人と四〇六人になっていた。この数字をベースに計算すると将官比率はこうなる。

中将　〇・七パーセント
少将　一・六パーセント
軍医中将　〇・二パーセント
軍医少将　一・〇パーセント
主計中将　〇・五パーセント
主計少将　一・三パーセント

どうやら、やはり将官山への登り道は相当官にとってはいくぶん険しかったようだ。ことに軍医中将へは、そのころ昇るのがかなり困難だったといえそうである。

〝非常時〟という言葉が叫ばれだした昭和一一年には、軍医少将、主計少将への進級率はだいぶ上向いてきたが、それでもなお、将校にくらべれば低くなっていた。兵科二・三パーセント、軍医科一・三パーセント、主計科一・九パーセントのわり合いだった。

軍医官——大卒、専卒出世くらべ

　戦前のむかし、旧学制では中学校五年、高等学校三年、その上の大学が三年、また中学卒で進める工業や商業なんかの専門学校が三年になっていた。

そんな時代、「官庁や大会社では、大学卒と専門学校卒の間に、ゆくゆくの出世コースでだいぶ差がついた」といわれたものだった。

とりわけ東京帝国大学卒業の肩書きは断然ハバをきかした。とはよく耳にするところだ。ミンシュ主義になった戦後も、そんな傾向は払拭されきってはいないだろう。ま、それはそれとして、では、海軍ではどうだったのか？

　維新後まもない草創期から明治なかごろまでは別として、海軍では四年制の大学医学部や医科大学、同じく四年制の医学専門学校卒業生から軍医官を採用していた。大卒は軍医中尉に、専卒は軍医少尉に任官させたのだ。任官時、両者は年齢も平均的に

9表　大，専卒別・軍医科高級士官への進級比較

海軍入籍	学 歴	人 数	中 将	少 将	大 佐	中 佐
M.38年	専	12	0	0	3	5
	大	7	1	3	1	1
39	専	9	1	1	2	3
	大	8	1	2	0	0
40	専	14	0	1	8	3
	大	12	1	1	1	0
41	専	11	0	2	1	3
	大	10	0	4	0	2
42	専	2	0	0	1	0
	大	14	1	2	4	1
43	専	23	1	1	9	5
	大	7	0	2	1	1
44	専	21	0	2	7	3
	大	13	3	0	3	2
45	専	21	2	1	10	0
	大	7	1	1	1	1
T.2	専	5	0	1	2	0
	大	8	0	0	0	0
3	専	14	1	0	4	0
	大	8	1	0	2	3
4	専	24	2	1	6	1
	大	5	1	1	0	0

は三歳ちがい、学問の積み重ねも異なる。となれば、出発点の階級に差があるのは当然だった。さて気になるのは、スタートしてからのその後である。「いや、海軍は実力主義。伸びるも伸びないも本人の努力、実力しだいだった」と回想する元軍医科士官もいる。軍医大尉から少佐、中佐、すすんで軍医大佐、さらにサージャン・アドミラルになるとき、はたして彼ら両者にホントーに差は生じなかったのか？

「技術科もそうだったが、相当官の社会では、将官になるときに大卒か専卒かで差がつけられた。しかし尉官、佐官時代の進級には、ほとんどちがいはなかったはずだ」という声を聞いたこともある。

さっそく軍医科の実情をしらべてみた。結果が9表だ。

表のなかは、日露戦争直後から第一次世界大戦が始まって間もなくまでに任官した彼らで、最後は兵学校でいうと四二期に相当するクラスになる。昭和二〇年終戦時、ベタ金になれる人はみななってしまっていた。全部を合計すると医専卒業が一五六名、大卒が九九名だ。

このうち将官に進めたのは前者では一一パーセントだが、後者では二六パーセント、ざっと二倍強である。そして最高官階軍医中将への昇進者は、医専卒が四・五パーセントだったのにたいし、大学卒は一〇パーセントと高い値を示していた。

やっぱり「海軍よ、おまえもか」であったといえよう。たんに医者としての学問、ウデを求めるのなら大学卒の多いほうが好ましかろうが、医専卒の三分の二ていどにしぼっている。それは、サージャンの社会だってピラミッド構成が必要なのだから、将来のアドミラル予定者ソースとして考慮し、採用人数を減らしたのであろう。

しかしながら、「要は本人の力量いかん。学歴関係なし」というさきほどの言葉も、海軍では決してウソだったわけではない。表中、専卒でベタ金・チェリーマーク二個のエリ章が七人もいた、という事実がはっきり物語っている。おそらくこれがシャバのお役所であったなら、少将クラスまでの累進《るいしん》はともかく、中将級の地位へはこれほど多数栄達できなかったのではあるまいか。そんな感じがする。

将官進級と医学博士

軍人は、いざというとき、戦場で矢弾《やだま》をかいくぐって働くのがショーバイ。だとすれば、軍隊の医者はそんなさい発生する負傷者を手当するのが本来であり、重要な職務である。「サージャン」とはもともと「外科医」のことだそうだから、そういう意味で「軍医」に転用されたのだろう。

ならば軍医科士官の仲間では、外科専門が一番ハバがきき、エラくなるときもとりわけ彼が優先されたのか？

だがこれは、結論からいうとそんなことはなかったといえそうだ。10表を見ていただきたい。

昭和二年から昭和一二年までの各年に、現役軍医少将になった士官の選修「専門」を書きあげたものだ。二五人中、外科は七人、内科が七人。そのほか眼科あり耳鼻科ありで、病気の治療、各部破損の修理、そして衛生……人体に関するあらゆる方面に分野がおよんでいる。

これは当然かもしれなかった。軍隊が精強であるためには戦時、平時の別なく、一人一人の軍人は可能なかぎり内部疾患のない健康と、かつなによりも強壮な体力と体格を保持していなければならなかったからだ。軍医官にはサージャンではないサージャンも多数必要だったゆえんである。

ちなみに第一二代医務局長高杉新一郎軍医中将は皮膚科が専門、一四代目の局長田中肥後太郎中将は生理学だった。

10表　新任軍医少将の専門と学位

S. 2 年	A 医少将	内科
S. 3 年	B 〃	眼科
	C 〃	内科
S. 4 年	D 〃	内科
	E 〃	伝染病・医博
	F 〃	外科
	G 〃	外科
	H 〃	皮膚・医博
S. 5 年	I 〃	外科・医博
	J 〃	細菌
	K 〃	伝染病
S. 6 年	L 〃	耳鼻・医博
S. 7 年	M 医少将	伝染病
	N 〃	外科
S. 8 年	O 〃	医化学・医博
S. 9 年	P 〃	内科
	Q 〃	内科・医博
S.10年	R 〃	――・医博
	S 〃	外科・医博
	T 〃	内科
S.11年	U 〃	外科
	V 〃	外科
	W 〃	生理・医博
	X 〃	細菌・医博
S.12年	Y 〃	内科

それからもう一つ、「医学博士」の看板は将官進級に有利に作用したか？

こんなことはまったくなかった、といっていいだろう。10表のなかで、佐官時代すでに学位をもっていたのはその四割、一〇人だけだった。われわれが病院へ行くと、院長先生や部長センセーの名前とあわせて医学博士の称号の書きこんであるのを見ることが多い。なんとなくそれが、〝学〟があるような感じをいだかせ、さらにはウデまで確かであるような錯覚を起こさせるところが不思議だ。

海軍では、こんな上っ面にとらわれたりしなかったのだろう。終戦時、最後の医務局長保利信明軍医中将もドクターの肩書きなしに将官に進み、しかも、この人は大学出ではない医専卒のサージャン・アドミラルだった。

だがそれでも、「現役士官名簿」の名前のテッペンに学位号を刷りこむことはしていた。それと学閥、これもなかったらしい。採用にも進級にもだ。こんな話がある。

長崎医専（のち長崎医大）卒業の軍医中将、少将は終戦時それぞれ四人と一〇数人の多数をかぞえたが、こうなる種をまいたのは立野至という軍医少将だったそうだ。大正の初期、当時医務局員だった立野中佐が母校を訪れ、優秀な学生を海軍へ推薦してくれるよう要請した。そして、その彼らの採否を立野中佐が決定したのだが、全国の医学生中、長崎医専在学者がいちばん多く採用される結果になった。

医務局長と先任局員から、「君は長崎をたくさん採りすぎる」と抗議されたが、中佐は各校からの採用者の学業成績、試験結果などのデータを示し、公平な選抜を説明したので、ことはまるくおさまったという。

主計科提督は超秀才？

主計科では、明治時代、海軍自前で主計官生徒を養成したり止めてみたり、あるいは民間の大学や高等商業学校卒業者を採用したりと、いろいろな方式をくり返していた。が、ようやく明治四二年、のちのちまでつづく「海軍経理学校生徒」の教育を開始して、主計科士官養成の道すじが真っすぐになりだした。

大正に入ってからも、シャバ大、シャバ専出身の主計官採用はつづいていたのだが、しだいにそれは細くなり、大正一二年五月、二人の主計中尉が任官したのを最後に、その後は海経生徒だけを養成源とすることになった。

築地の経理学校は
視力も0.2まで
下げられていた…

というわけで、経理学校の歴史は江田島にくらべればうんと浅く、一期生徒は兵学校の四〇期生とコンスポンドしていた。したがって、彼らのなかからの将官クラスは七期生のはやい人が少将、中将は四期生までの一〇名にとどまった。古い、明治中期から大正時代にかけて出身したペイマスター・アドミラルは軍医官同様、みな民間学校で育ったオフィサーなのである。

ところで、この東京築地の経理学校、その後は回を重ねて太平洋戦争敗戦時には、三六期から三九期生徒までが在校していた——ただし、このころの生徒教育は神戸市の垂水《たるみ》と奈良県橿原で行なっていた——が、毎回の入試は激烈な競争で、そんじょそこらの自称秀才では入れない学校として有名だった。

江田島兵学校は視力が各眼一・〇以上であることが要求されていたが、主計科の性質か

11表　海経1〜5期生までの主計少将進級数

(( ))は全人数
(　)は区分域内の人数

クラス	最上位より2割以内	2〜4割	4〜6割	6〜8割	8割以下
1期 ((18))	4 (4)	2 (3)	1 (4)	0 (3)	0 (4)
2期 ((28))	4 (6)	2 (5)	1 (6)	0 (5)	0 (6)
3期 ((32))	5 (6)	3 (7)	1 (6)	1 (7)	0 (6)
4期 ((25))	3 (5)	3 (5)	0 (5)	1 (5)	0 (5)
5期 ((25))	3 (5)	2 (5)	2 (5)	1 (5)	0 (5)

ら、ここではそれが〇・二までに下げられていた。海軍士官を希望したがあまりの猛勉の結果、眼鏡をかけざるを得なくなったような天下の秀才が蝟集《いしゅう》したことであろう。

それに、前に書いたように主計科士官の世帯は小さい。だから海経では、一期から二〇期までをみると卒業人数のもっとも多いときで三四人、最少時たったの一二名、平均二二名というすくなさなのだ。競争率が六〇倍とか八〇倍とかいわれたのも本当であろう。一例を記録からとってみると、昭和六年の入試では、採用者一五名にたいし志願者総数は一〇〇四名、なんと六七倍の激しさになり、これはその年の兵学校競争率の二倍にあたっていた。

こういう選り抜きの〝俊才〟の寄り集まりだったせいか、「主計科士官は、進級・配置などで、学歴、学業成績がことさら重視された」という話を聞くことがある。

はたしてしかりか？　であれば、主計少将進級時にも影響が出るはずである。これもさっそく調べたが、その結果が11表だ。海軍子飼いの海経一期から五期までの少将進級状況をさぐったのだが、これと「海軍少将〝当確〟！」の項にかかげた3表とを比較していただけるとよくわかる。兵科将校の分野でも、江田島卒業成績の影響はかなり強かったのだが、経理学校出身の場合、伝えられているとおりそれはより一層重視されていたといえるだろう。

ことに最上位から二割以内のグループで、将官進級をはたせなかったのは死亡もしくは主計大尉・主計少佐の若いうちに現役を去った人たちなので、それを考慮すると、この領域の士官の「ベタ金昇進」はほぼゼッタイだった、といってよいのではなかろうか。

とはいえ、11表によれば、第二グループ以下の領域の士官からも主計少将進級者は出ている。それは軍医サンの社会でも同様だった。

とすれば、海軍勤務二〇ウン年、奏任官のトップ「高等官三等」の階段に立ったとき、「サテ、俺は将官になれるだろうか……」そんな、そこはかとない思いが、彼らの胸をチラリチラリとよぎったことであろう。そしてそれは、軍医大佐、主計大佐になって配置されるポストで、あるていど、おのが未来の輝きを占うことはできたのである。

総監から少将、中将へ

赤や白のふちどりの金スジをつけたキャプテンになって、さてすわったその椅子の脚が将来、リア・アドミラルにまで延びるか、あるいはそれがまったく無縁のポストにおわってしまうか、ご当人にとってはいささか気になるところだ。

かつて『オフィサー物語』に書いたように、彼ら軍医大佐、主計大佐たちはとんと海上勤務には縁がない。わずか数人が艦隊軍《カタグ》医長や艦隊主計《カタシケ》長としてフネに乗るだけで、あとはみんな陸上で働くことになる。

そして、昭和ひとケタから日華事変にかけては、ある人たちは五年ないし六年間、「フォア・ストライパ」をつとめて少将に進み、そうでない人は、途中二年目、三年目……で「永年ご苦労でした」の慰労の言葉を背に、大佐のまま海軍を去った。このへんの事情は、兵科や機関科とぜんぜん同じだった。

ならば、彼らフォア・ストライパの椅子で、未来は金バリにかわるであろうような、輝かしいシートにはどんな種類があったか。まずは軍医科。大正一五年から昭和八年まで、まさに大動乱が巻きおこる前の平時状態のそんなポストを眺めてみると、以下こんなぐあいになる。

エリート軍医官が配置されるといわれる海軍省の「医務局局員」、それから「横須賀海軍病院一部長」「呉病院一部長」「舞鶴要港部軍医長兼病院長」「呉工廠医務部長」このあたりはカタイところだった。海軍病院の「第一部」というのは外科を主軸とし、耳鼻科や眼科、皮膚科、物療などをあつかう部門、内科や伝染病などは「第二部」で担当していた。

静岡県賀茂郡にあった「湊病院長」、温泉地別府にあった「亀川病院長」、「佐世保工廠医務部長」「横須賀病院二部長」「呉病院二部長」なんかも、かなり望みのもてるポジションだった。

軍医学校の教官には若い軍医少佐や中佐でも補職されるのだが、「大佐教官」の席は確実に将官コースに結びついていたらしい。調査した八年間にこのポストについた人で、アドミラル・ステップを踏みはずした例が一件もないのを見てもわかるというものだ。

このなかには、のちに医務局長や軍医学校長になったおエラ方もいるのだが、田中肥後太郎軍医大佐もそんな一人だった。

大正元年一二月に「中軍医」(のちの軍医中尉)として海軍に入ったこの人は、酒がすこぶる強く、なかなか磊落《らいらく》な人物だったそうだ。では専門は、短刀《メス》を振りまわす外科かと思いきや、生理学。それも航空医学の草分け的存在で、かつ大家だった。

山本五十六元帥が大正一三年、霞ヶ浦航空隊副長として在勤したころから、そこの軍医長をつとめ、その方面の研究をやっていた。

当時、霞空軍医長の定員は軍医中佐か少佐だったので、昭和四年、田中さんが大佐に進級すると、人事局ははたと困ってしまった。しかし、どうしても彼を動かすわけにはいかない。

やむを得ず、「軍医学校教官兼霞空軍医長　但シ兼務庁ニ於テ勤務スヘシ」の辞令を出して現職をつづけさせることにした。そして昭和七年、軍医長の予算定員に大佐が認められると、あらためて「霞空軍医長兼軍医学校教官」の本来の姿にもどしウデをふるわせたのだった。文字どおり〝余人をもってかえがたい存在〟だったのである。

少将になってからの田中さんは、軍医学校教頭、さらに校長、ついで医務局長をつとめて現役を退いた。もちろん医学博士・軍医中将である。

それから、わずか数席しかない海上配置のうち、「第一艦隊軍医長兼連合艦隊軍医長」「第二艦隊軍医長」も、ほぼサージャン・アドミラル進級が約束されたようなすわり心地のよい感じの椅子だった。「一F兼GFカタグ」には古参の軍医大佐を、「二Fカタグ」にはそれより数年若いサージャン・キャプテンをあてるのが通例だったようである。

軍医将官の海上ポスト

しかし、連合艦隊軍医長には、大正五年に定員令が改正されたむかしから、本来配置の軍医大監にかわって「軍医総監ヲ以テ補スルコトヲ得」と補足規定されていた。

軍医大監とは、後年の軍医大佐のこと。昭和時代でこそ、ベタ金は科別に関係なく軍医少将、主計中将、造兵少将などとよばれ、それをあたりまえに思っていたが、明治から大正半ばにかけてはそうではなかった。大将、中将、少将の呼称が使われたのは兵科のアドミラルだけだった。「相当官」といわれた機関科、軍医科、主計科、造船科、造兵科のベタ金は「機関総監」「造船総監」……とよんでいたのである。

それも、はじめのころは〝少将相当〟の一階級のみで、義和団さわぎの起きた年、明治三三年一月になってようやく「海軍武官官階表ニ高等官一等（中将相当）タル機関総監・軍医総監・主計総監・造船総監及ビ造兵総監ヲ加フ」と改められたのだ。だから階級名だけでは、「このペイマスター・アドミラル、少将相当なのかそれとも中将待遇なのだろうか？」と首をかしげなければならなかった。

服装をよーく見ればナットクがいったが、どうも不便。制度上からも感心できない。

それでやっと、大正になったその四年に、まず機関総監が機関中将と機関少将に分けられ、第一次世界大戦が終わった翌大正八年、軍医、主計、造船、造機、造兵の各科将官も中将、少将とよぶようになったのだ。

同時に、軍医サン以下の相当官士官の軍服袖章が、ノッペラボーな「直線」から兵科将校とおなじ「蛇の目」にかわった。かつまた、士官の冬服に金スジ・チェリーマークのエリ章がつけられるようになったのは、この年からだったのである。

こんなもろもろの改正も、大正デモクラシーの余波だったのだろうか。翌九年、定員令に改定があったとき、GF軍医長には、「軍医少将ヲ以テ補スルコトヲ得」と改められた。だからこのポストは、規定上では軍医将官唯一の海上配置でもあったわけだ。

なお、ついでに書くと、陸軍でも将官相当官を「陸軍軍医総監」「陸軍主計監」などとよんでいたが、これも「陸軍軍医中将」「陸軍主計少将」といった呼び名になおしている。ただ、その時期は海軍よりだいぶ遅く、昭和一二年になってからだった。

経理局第一課長

少々はなしが昔にもどってしまったが、では、主計科キャプテンたちにとっての〝将官予約席〟的なポストにはどんなものがあったろう。やはり、さきほどの軍医科についてとおなじ年代で調べてみる。

古参主計大佐、しかも経理学校のクラス仲間のうちハンモックナンバー上位者が配される「経理局第一課長」の椅子は、もう間違いようのない金ピカ直結コースだった。なにしろここは海軍の予算、決算に関する重要な事がらをあつかい、同時に全主計科士官の勤務、成績の実情をしっかり握って、彼らの人事を人事局にアドバイスするコワイところなのだ。

経理局では「二課長」「三課長」も有望コース。他の内局では「軍需局第三課長」もケッコーなポストである。ここは全海軍をまかなう被服や糧食に関する事務をあつかうところだった。

「舞鶴要港部経理部長」もなかなかに確度の高い配置であった。各鎮守府の経理部長になると、これは主計少将ポストになってしまう。舞要はかつては鎮守府であり、そのころ要港部に格下げされていたが、昭和一四年に裏日本のかなめとして鎮守府に復活する重要な拠点だったので、ここには少将五分前の主計大佐がおかれたのだろう。

官庁やたいていの会社には、会計部とか経理課とかが設けられて金銭や物品の会計経理の仕事をするように、海軍経理部もそういう業務を行なっていた。だが、ここではそれだけでなく、「鎮守府又ハ警備府所属ノ各部……ノ会計事務ノ監督」をしてニラミをきかす権威ある仕事もしていたのだ。

すなわち〈会計監査〉だ。海軍独自で検査もするが、お役所づとめの経験がある方ならどなたもご存知の、あのうるさくて厄介な会計検査院による監査の海軍側窓口になっていた。したがって、そんな大きな権限をもつ経理部では、なかでも「横須賀経理部第一課長」なんぞは将官有望コースだった。

海軍工廠は海軍じゅうでいちばん会計経理の複雑な役所といわれていたが、それをまかされる部長、とりわけ「横須賀工廠会計部長」「呉工廠会計部長」はエリート配置として羨望《せんぼう》された椅子である。

そのほか「経理学校教頭」や造船・造機・造兵の経費をあつかっていた「艦政本部総務部第二課長」というポストも、ほぼ当確。そして、軍医大佐同様、数すくない海上配置「一F兼GF艦隊主計《カタシケ》長」「一Fカタシケ」の勤務も、まずまず行く手の明るいうれしいポジションではあった。

こうして、ともかく軍医大佐、主計大佐の六年目あるい五年目を、「定員」として定められた位置を占めることができれば、その彼は、まず間違いなく将官に到達することができたのだ。

ペイマスター・アドミラル

さて、サージャンもペイマスターもさきほど書いたように、アドミラルになるとその人数は、平時はどちらも両手の指で間にあうくらいに少なかった。だから彼らにどんなポストが用意されていたか、数えあげるのはわけがない。さっそく並べてみよう。

まず軍医科の少将から。これは大正一五年から昭和一二年にかけての配置を調べてみたものだ。

横須賀病院長、呉病院長、佐世保病院長、亀川（のち別府と改称）病院長、軍医学校長、軍医学校教頭

これぐらいが主要なところで、ほかに軍医学校教官をつとめる、昔のシャバ大でいえば「勅任教授」に相当するようなエラい先生や、呉工廠には〝少将医務部長〟のオソロシイ先生もいた。ここは軍医大佐だけでなく少将配置でもあったのだ。

巡洋艦に一等、二等の区別があったように、海軍病院にもランクの上下があり、横須賀、呉、佐世保の軍港地病院の院長は上の部で少将ポストだった。

軍港地病院長は、たとえば横須賀海軍病院長には兼ねて「横須賀鎮守府軍医長」の辞令も下されていた。こちらのほうは鎮守府司令長官の幕僚としての職務なのだ。「軍医科士官及薬剤科士官以下ノ勤務ニ関スルコト……教育訓練ニ関スルコト……伝染病予防ニ関スルコト……艦船、建築物、被服、糧食、給水、排水ノ衛生ニ関スルコト……」などの事務を掌れ、と鎮守府軍医長には任務が定められていた。

彼の実務的な仕事は、「海軍病院部員兼鎮守府出仕」の軍医中佐が親玉となり、看護科特務士官、下士官たち数名でとりさばいていたようだ。また横病、呉病、佐病の院長のうち一人は、「軍医中将ヲ以テ補スルコトヲ得」ともきめられており、数ある

軍港地の病院長は
エリートコース！
横須賀
呉
佐世保

院長のなかでも軍港地病院長は、一段格式の高い地位だったのである。

亀川病院長は、まえに書いたように、もともとは大佐ポストだったが、のちに軍医少将もすわれることに多少、格が引き上げられていたのだ。

では、ペイマスター少将のほうの配置はどんなあんばいだったか。軍医科についてとおなじ時期で調べてみると、こんなふうだった。

経理学校長、横須賀経理部長、呉経理部長、佐世保経理部長、横須賀軍需部長、横須賀工廠会計部長、呉工廠会計部長、燃料廠採炭部長、広工廠長
工廠会計部長はキャプテンだけでなく主計少将ポストでもあり、また三つある軍需部のうち、そのころ横須賀だけがペイマスター配置で、他の二ヵ所は兵科、機関科出身の大佐、少将で占められていたようだ。燃料廠には総務、製油、鉱業、研究部といくつかの部があったが、どういうわけか石炭を掘る採炭部長配置には、ペイマスターの少将か大佐があてられていた。

こういう、ほぼきまりきった主計少将配置を彼らはつぎつぎと回り、勤務していったが、昭和一一年一二月、荒木彦弼《ひこすけ》主計少将が「広海軍工廠長」に任命された人事は、主計科士官たちにとってかなり大きな出来事であったはずである。

ながらく横須賀、呉などの工廠長の椅子には、兵科・機関科系統の中将、少将しかすわることを許されていなかった。だが、大正一二年三月に航空機関係の造修をする広工廠が、呉工廠から分離独立すると、その機会に主計科、技術各科の将官も補職することに改められた

のだ。

しかし、その後一〇何年もペイマスター・アドミラルに、そんな嬉しいチャンスはまわってこなかった。それがようやく、ここに実現したというわけだったからだ。

こんないくつかあったコースを踏んで、きわめて限られた人数の、選ばれた軍医少将、主計少将がさらに最高階級軍医中将、主計中将へと進んでいった。

医務局長は最高峰

「『医務局』ってのは、海軍省に勤務する人たちの診療所なのか？」なんて言ったご仁があったそうだが、だとすればそれはとんでもない誤解だ。ここは軍医科、薬剤科、歯科医科士官の任免、進級について人事局の相談役となり、医務・衛生の教育プランや海軍病院の設備計画など医療行政に関して、海軍大臣を補佐する幕僚機関としての重要な元締め的存在だったのだ。

だから「医務局長」は海軍軍医科士官最高のポストであり、いつの時代にも、その年度の最先任サージャン・アドミラルがすわっていた。次席者がすわるようなこともあったが、それは、彼の上席の最先任者が予備役編入五分前で、「軍令部出仕」の閑職についている例外時だけだった。

それから、定員のうえでは軍医学校長も軍医中少将の配置で、昭和九年に一度、「中将校長」が出現したが、それ以外の昭和一ケタでは、現役パリパリの軍医中将は医務局長ただ一人だった。メディカル・パートで、彼がどんなにエライ御大《おんたい》だったかおよそ察しがつこう。

明治九年八月、はじめて医務局がつくられたとき、初代局長になったのは戸塚文海という「大医監」。これは当時の大佐相当の階級だったが、その月、同時に少将相当の軍医総監が新設されたので、一二月にさっそく抜擢されてアドミラルになった。もちろん海軍軍医総監・第一号である。

戸塚文海サンは天保六年生まれ、例の大阪の緒方洪庵やオランダ人軍医ポンペの弟子だ。幕末慶応三年には慶喜将軍の侍医をつとめたこともあり、明治五年、新政府に召し出されて海軍へはいった。兵部省が陸海軍省に分かれたばかりのそのころは、海軍の医務衛生は規模も運営もまるでなっていなかった。

そのコントンを彼が先達となって、着々と整備し出したのだ。ネービー衛生部門の基礎の基礎をつくった戸塚サンの名は、海軍軍医界を語るとき忘れてはならないネームのようだ。在籍一一年、明治一六年に引退している。

そして、二人目の軍医総監が高木兼寛。「タカギカネヒロ？　どこかで聞いたことがあるな」と思われる読者も多かろう。海軍から脚気をボクメツした人物として有名な人だ。

イギリス留学から明治一二年に帰国した彼は、中医監（のちの軍医中佐）に進級し、三一歳新進気鋭のサージャンとして活躍を開始した。戸塚医務局長が基礎固めに努力していたが、そのあとをつぐと、さらに彼が軍医本部長――医務局は一時、軍医本部と名称が変わってい

た——として制度の刷新、確立に奮励したのだ。

英国帰りの彼は万事がアチラ流、イギリスの海軍医務制規を土台に草案をつくり、「海軍軍医官服務通則」という規程をこしらえたのだが、これは大した功績だった。

それから、さっき書いた軍艦内からの脚気の追放である。原因は兵員の糧食と給与方式が悪いからだと、調査の結果、結論した高木サンは従来の日本食をパン食に改めるやり方を、強引といってよいほどに推し進めた。

兵員のなかには、短艇を海面から揚収するときなど、「パンなんかじゃ、腹にこたえがなくて力仕事はできねぇ」とゴネル連中もいたが、彼は押し通し、ついに大成功したのである。明治一八年以後の六年間には、全海軍の脚気患者はわずかに九名、それによる死亡者はゼロだったそうだ。

戸塚サンも高木サンも少将相当の総監だったが、中将待遇の一等にはじめて任じられたのは本多忠雄軍医総監、大正二年一二月の進級だった。当時、軍医学校の校長だったが、いうまでもなく、のちに医務局長をつとめてから退官している。

海経一期主計中将へ

長谷川貞雄、志佐勝。ご両所とも主計総監なのだが、長谷川さんが明治二二年昇進の少将相当官時代の第一号総監、志佐さんが一等職ができてからの最初のそれへの進級者だ。そのころ、主計科のほうがやや軽く見られていたせいか、主計総監がおかれたのは軍医総監よりも遅く、明治一五年になってからだった。

それはともかく、サポートグループは、戦場ではなばなしい活躍をして名を挙げることもないので、将官であっても知名度がどうしても低くなる。恥ずかしながら、筆者もこんどはじめて、この二人の名前を知ったというしだいだ。

ペイマスター・アドミラルの最高ポストも、サージャンに類似して「経理局長」だった。明治二六年に経理局が設置されたのだが、海軍省ができたばかりのころは「会計局」とよばれており、長谷川さんは明治一七年にそこの局長に補任されている。

志佐勝総監も少将相当官時代に就任の四代目経理局長で、大正一二年までなんと一二年間もその席に居すわっていた。「あとがつかえるぞ！」というういらいらした声が、周囲からあがらなかったのだろうか。

昭和一ケタになってからも、主計中将ポストは経理局長と経理学校長だけだった。ペイマスター・バイス・アドミラルへの門の狭さは軍医科と同様だったのだ。

12表　軍医中将・主計中将出世コースの一例

年度	保利信明軍医中将	山本丑之助主計中将
T. 15	軍令部・海軍省出仕	造船造兵監督会計官
S. 2	〃	経理学校選科学生
. 3	〃	艦政本部出仕
. 4	教育局局員・艦本部員	経理局局員・教育局局員
. 5	山城・軍医長	経理局局員
. 6	横病・部員	経理局局員・経校教官
. 7	呉病　2部長	軍令部・海軍省出仕
. 8	2F　軍医長	〃
. 9	横廠　医務部長	〃
. 10	〃	経理局2課長
. 11	医務局局員	〃
. 12	〃	経理局1課長
. 13	GF・1F軍医長	〃
. 14	別府病院長・呉病院長	空廠　会計部長
. 15	横病院長	横廠　会計部長
. 16	〃	艦本　会計部長
. 17	軍医学校長	〃
. 18	〃	経理局長
. 19	医務局長	〃
. 20	〃	〃

そんな彼らの、将官をめざす出世街道は、いかに好調なスタートをきっても、途中、一度でもつまずけば、たやすくは遅れをとりもどせない難コースであったはずだ。しかしそれでも、はた目には順風に帆をあげた快適な航海にうつる。そういう例が12表だ。かたや

軍医科将官、かたや主計科将官、ゴールデンルートのセーリングはなんともキラビヤカである。

保利軍医中将は大学出ではない医専出身、内科を専門とするドクターだった。いっぽうの山本主計中将は経理学校生徒教程第一期の卒業生。一八人中四番で卒業し、首席の片岡覚太郎サンといっしょに、昭和一七年一一月、クラスのトップをきって中将に栄進する。しかも、一八年なかばから顕職経理局長の座についたのだが、これはむろん、同期生中ただ一人だったし、かつ海経生徒出身者では、最初にして最後の経理局長でもあった。

第一期生からは、この山本、片岡のほか、二番卒業の紺野逸弥生徒も主計中将に累進している。こんな少数のクラスのなかから、三人もバイス・アドミラルが出現するのは珍しいのだが、まえまえから〈一期の三羽ガラス〉とよばれて評判が高かったのだそうだ。

紺野さんは太平洋戦争終戦時、最後の経理学校長の職にあった。宮城県出身のこの人、口調に東北なまりが残っていた。しかも、校長だからといって、威張るわけでも中将の身分を誇るでもなかった。帽子をややアミダにかぶった人なつっこい〝温容〟は、親しみやすい雰囲気をかもし出していたらしい。

いわゆる秀才型の多い主計科将官のなかでは、数すくない大綱をにぎって統率する、武将型のペイマスター・バイス・アドミラルだったということだ。

秀才といえば、海経生徒各クラスの片手五本の指に入るほどの上位陣、それも多くは指の折りはじめに数えられるトップの一、二名が、帝国大学へかよって法律とか経済を勉学する「経理学校選科学生」制度というのがあった。

　この学生の卒業生も将官進級はマチガイないところ、さらに主計中将への昇進もほぼ大丈夫といわれていた。実情は、13表を見ていただけばよくわかろう。古い生徒クラス出身者から順じゅんに中将にのぼっている。四期のF氏は終戦後の昭和二〇年一一月に進級した、いうところの〝カケコミ主計中将〟だった。

若い八期生はまだキャプテンのままだったが、その上のクラスまではぜんぶ主計少将である。七期のK氏は最後の連合艦隊主計長をつとめた人だ。六期のI氏も抜群の秀才といわれた首席卒業生。この人もGF主計長だったのだが、例の『海軍乙事件』として、戦後ひろく知られることになった古賀連合艦隊司令長官行方不明のさい、いっしょに遭難し、死後、少将に進級している。

　こんなアクシデントにならなくとも、生存していれば当然、将官にのぼれたであろう。以後のクラスの選科学生出

13表　選科学生（法律・経済）**を修業した主計科士官**

生徒卒業期		専攻	生徒卒業時の席次
1期	A　主計中将	法律	1
2期	B　〃	〃	1
	C　〃	〃	3
3期	D　〃	〃	1
	E　主計少将	〃	2
4期	F　主計中将	経済	4
	G　主計少将	〃	1
5期	H　〃	法律	2
6期	I　主計大佐	〃	1
	J　主計少将	経済	2
7期	K　〃	法律	1
8期	L　主計大佐	経済	2
	M　〃	〃	3

注：階級は最終時を示す

身者も、日本海軍が存続すればベタ金になれたのは疑いないところだった。

というわけで、帝大派遣学生の彼らは〝主計中将優先コース〟に乗っていたが、かならずこの過程を踏まなければダメ、ではなかった。さきほど書いた山本丑之助、紺野逸弥両氏もこのコースは通らなかったし、二期の白神君太郎、森島種雄、三期生の西野定市、中村貞助といった主計中将たちも、こんな特別切符は持っていなかったからだ。

「赤と白」インフレに

海経生徒出身のバイス・アドミラルが出現するまでは、むろん一般の大学や高等商業学校を卒《お》えた士官から累進していた。

山本丑之助経理局長の前任者、武井大助主計中将もそんな一人で、いまの一橋大学の前身、東京高商を出て少主計（のちの主計少尉）になった人だ。年輩の読者のなかには、武井さんの名前をご存知の方もおられよう。戦後の昭和四〇年、宮中「歌御会始《うたごかいはじめ》」の召人をつとめたこともある、和歌の大家だからだ。それに、山本五十六元帥の歌のお師匠さんで、『山本元帥遺詠解説』という本も出している。

大主計時代、アメリカ駐在となりコロンビア大学に二年間留学し、最後の二ヵ月は米国海軍省で勉強した。あの〝短現〟という言葉で有名になった、二年現役士官制度が誕生したときの経理局長なのだ。主務局長として昭和一三年から、彼らの一期、二期、三期までの選考

に直接かかわった。

　といってもこの短現制度の起案者は別におり、昭和一二年一二月から人事局長になった清水光美《みつみ》少将がその人だった。しかし、源流はもっと遠い過去に発していたらしい。これも、海経生徒卒業ではない、京大法学部出身で中主計として海軍入りをした、大東健夫主計中将がそもそもの発案者だったのだそうだ。

　大正七年、大東大主計が経理学校教官だったころ、当時の教育本部長村上格一中将から、主計科士官の教育についていろいろ意見をきかれたことがあった。

　このとき大東さんが、「八八艦隊が完成したばあい、現在の海経生徒卒業者だけではとても充分な補充ができない。補助手段として大学・高専卒を採用し、二年間、現役に服務させたのち予備役に編入し、有事のさいには召集すればきわめて適切である」と進言したのだ。おそらくこの建言が、二年現役制度を上層部に申し出た最初ではなかったかといわれている。

平時には一人か二人しかいなかった現役軍医中将、主計中将も、太平洋戦争が始まってからはがぜん増えることになった。8表にご覧のとおりだ。とくに昭和一九年度に入ってからの増加が著しい。

横須賀、呉、佐世保の軍港地病院長はもともと、うち一人は軍医中将の任命がゆるされていたが、戦争が起きてからは二人に増加されていた。したがって、大戦第一年目のおわり、昭和一七年一一月のサージャン・バイス・アドミラルは、

医務局長、軍医学校長、横須賀病院長、佐世保病院長

の四人になっていた。

主計科のほうも同様。横須賀、呉、佐世保経理部長のうち、戦時は二人までが中将補職を認められ、昭和一〇年にできた艦政本部会計部の主計少将・主計大佐部長も、戦争中、主計中少将配置に格上げされていた。というわけで、

経理局長、経理学校長、艦政本部会計部長、横須賀経理部長

の四人が主計中将である。

さらに太平洋戦争も終盤戦、昭和一九年七月になると、肥満体になった海軍各部を支える軍医科、主計科も、以前にましてボリュームが増えた。しかも、「戦時定員標準」という別

の規定で、イクサのときはどの軍港地病院長にも、軍医中将をあててよいように定められていたので、

軍医中将――医務局長、軍医学校長、横須賀病院長、呉病院長、佐世保病院長、舞鶴病院長、呉工廠医務部長、航空技術廠医務部長

主計中将――経理局長、経理学校長、第一衣糧廠長、第二航空廠長、横須賀経理部長、呉経理部長

となっていた。平時の三倍から八倍に中将ポストが増加したのだから、ご本人たちにとっては嬉しい現象だったであろう。だが、「希少価値がだいぶ減ったなぁ」とイジワルな皮肉を言えないこともない。

同様、少将クラスもインフレ状態になっていた。外地・戦地に特設病院や経理部をつくらなければならなかったし、内地でも病院や燃料廠、衣糧廠などの増設があったからだ。比率からいえば、兵科の少将よりも大きい増加を示していたのである。

薬剤少将は療品廠長

海軍には軍医官とならんで、医療には欠くことのできない薬品をあつかう薬剤官もおかれていた。軍医官がそうだったように、はじめは文官制度で、薬剤官が武官になったのは明治一九年からであった。ただし、こちらは最高ランクが低く、うんと昔は薬剤大佐がいちばん

上で、少将の階級ができたのは大正一五年七月だった。軍医官は中将まであるのに、どうも薬剤官は軽く見られていたらしい。

大正末年ころ、磯野周平というきわめて有能で腕のたつ薬剤大佐がいた。少佐のとき、すでに薬学博士の学位をうけていた。停年で、海軍をやめるのがたいへん惜しまれた。そこで、首脳部はわざわざ少将のランクをつくって進級させ、軍医学校教官の現職をつづけさせたのだという。

磯野さん、よほどの人物だったのだろう。大正一五年一二月、任薬剤少将。予備役編入はそれから四年後、昭和五年六月だった。

しかし、その後はそのような人物はおらず、階級制度だけ残って大戦が起きるまでは、じっさいに現役薬剤少将として働く将官はいなかった。坂本佐太郎、清水辰太、玉虫雄蔵、鍋嶋豊太の四薬剤大佐がアポセカリー・アドミラルに昇進したが、皆さん間もなく待命、予備役編入になっている。

が、それは、薬剤少将を配置するにふさわしいポストがないためでもあった。日華事変から太平洋戦争に移り、ようやく海軍が忙しくなって、治療品の生産や研究を行なう「海軍療品廠」が設けられた。これではじめて、独立〝所轄〟の長として薬剤科将官が大手を振って着任できることになったのだが、それは昭和一七年一〇月だった。

村田秀《すぐる》薬剤大佐が一九年五月、薬剤少将に進級するとその六月、第一海軍療品廠の廠長に補任され、療品廠第一製造部長の職にあった都丸俊男薬剤大佐も一八年五月、アドミラルに昇進したのち、一九年六月から第二療品廠長の任についたのであった。

ご両所とも、終戦まで現役にあった。村田さん、都丸さんより三、四歳若い一条正一薬剤大佐も二〇年五月、薬剤少将に進級したが、廠長ポストが当面ないため、第一療品廠出仕で勤務をつづけることになった。

ともあれ、海軍には、薬剤官が思う存分に働ける勤務個所がすくなかった。軍医官とは異なり、海上で働く性質の科でもなかったのだ。

薬剤中将のランクについても、そんな話があることはあったらしい。だがそれは、療品廠長などの職にあるものが、その資格を得た場合、考慮することが了解されていたのだという（桜医会『海軍軍医学校追想録』）。その資格とはどんな資格なのか、筆者にはわからないのだが。

歯科医少将

ところで、階級章に〝赤〟の識別線がつく科で、将官ランクが置かれていながら、現役にも予備役にもまったく実員のいない部門があった。「歯科医科」である。なぜか？　それは、この科が太平洋戦争開戦わずか半年まえにつくられた、新しい科であったからだ。

平時の海軍は、「歯医者は虫歯の治療だけでよろしい」ぐらいにしか考えていなかったようだ。軍隊にも歯医者さんがいなくては、生活上、勤務上こまる。ことに、海上の艦船で暮らしている将兵は、なにかと不便、苦痛を感ずる。そこで海軍では、長年のあいだ、民間の歯科医を嘱託として採用し、軍艦にも乗せて診療に従事させていた。

「部内限り奏任官待遇」、つまり俸給その他できるだけ士官に準じて遇する、というわけであった。しかし、海軍文官ではない。あくまでも嘱託である。給料は上がっていくが、何年つとめても恩給などはつかない。まことに不安定な身分だった。

昭和一二年七月に日華事変が始まると、陸戦では鉄カブトをかぶったその下の顔や顎の負傷者が多く出たらしい。こんなとき、治療や手術にはぜひとも歯科医の手が必要になるのだ。

そこで、一五年にまず陸軍が「歯科医部将校」制度をつくり、翌一六年六月に海軍も「歯科医科士官」制度を発足させたというわけだった。歯科医少尉より始まり、上は、歯科医少将までの武官制度だ。

この科も、やはり人数はすくなかった。一七年一月にはじめて「海軍歯科医少尉」を誕生させたが、たった三人であった。戦地、前線にも、まだ嘱託の身分のままで勤務している者がおり、後日、一九年なかばになって、こういう人たちにも希望により、歯科医科士官に採用する制度が設けられた。それまでの経歴で、歯科医大尉、中尉あるいは少尉に特別任用されたのだが、なかには辞退して従来どおり嘱託をつづける人もいたようだ。

その後も、歯科医科士官の新規採用は行なわれたのだが、結局、総員五三九名にとどまった。そして、一七年一月に初任された歯科医少尉たちは終戦時、大尉に進級していた。また、嘱託からの特任者も最高、歯科医大尉までだったので、ついにこの科からは歯科医少将はおろか、佐官への進級者も出なかった。ただし、戦死による歯科医少佐への昇進者はべつである。

それから、歯科医科は最高ランクが少将までだったが、これは薬剤科と同様、部内で軽視していたからではなかったろうか。一部の軍医科士官たちは、歯科医科士官制度をつくることに反対していたとも伝えられる。それと、軍医科は大学と医専出身者から採用していたが、歯科医科には歯科医専出身者のみだったので、こんな学歴上の差異が、歯科医中将設置の妨げになっていたことも考えられる。

一人三役のＧＦ長官

「司令官」と書くとずいぶん偉そうにきこえる。たしかにエライことは偉いのだが、海軍ではその上に司令長官とよばれる職があったので、実力部隊最高の格式、というわけではなかった。したがって、それに任じられる身分は兵科の中将あるいは少将が一般的だった。海軍大将の司令官というのはない。

ところが陸軍には、師団をいくつかたばねる軍司令官、その軍を数個まとめた方面軍司令官、さらにその上にかぶさる南方軍とか関東軍などには、総司令官がおかれていた。司令部の大小や高下に関係なく、司令官の呼び名ですましていたのだ。

しかも、ずっと下部のほうをのぞいてみると、たとえば戦時中、鉄道の主要駅に設けられて軍用列車の統制なんかをした「停車場司令部」という機関にも司令官をおき、応召の大尉、中尉ぐらいの将校が任命されていた。陸軍では司令官の用語をだいぶ幅ひろく使い、それにはピンからキリまであったようだ。

さて海軍で、その指揮官に司令官をすえる部隊といったら、やはり「戦隊」がいちばんなじみ深くわれわれに知られているであろう。ミッドウェー海戦で勇名をとどろかせた山口多聞少将司令官は第二航空戦隊、キスカ撤退でネバリ強く、困難な作戦をカンペキに遂行したヒゲの木村昌福少将は、あのとき第一水雷戦隊の司令官だった。

そんな戦隊は軍艦二隻以上で構成するか、軽巡と駆逐隊、軽巡または潜水母艦と潜水隊、あるいは航空隊二隊以上で編成されるのがふつうだった。成り立っている部隊の性格で、たんに「戦隊」といったり「航空戦隊」「水雷戦隊」「潜水戦隊」……とよんでいたのは、もうご承知のとおりである。

なかでも、もっとも歴史の古いのは「第一戦隊」。大正三年八月に艦隊平時編制で戦隊が設けられるようになってから、終始、戦艦だけで編成し、わが艦隊主力中の主力として自負し、重きをなしてきた部隊だ。そのむかし、日露戦争で艦隊のなかが戦隊に区分されたことがあったときも、第一戦隊は「三笠」以下六隻の戦艦で構成されていた。

だから、指揮官先頭の日本海軍は、第一艦隊司令長官兼連合艦隊司令長官が第一戦隊（一S）の旗艦に乗りこみ、一FとGFだけでなく一Sの指揮もあわせてとっていたのだ。日本海海戦の東郷提督が、こういうシステムでの指揮官のさきがけである。

ただし太平洋戦争の直前、昭和一六年八月にＧＦ司令部と一Ｆ司令部は分離することになり、以後、山本長官は連合艦隊と直率する「長門」「陸奥」の第一戦隊の指揮だけをとった。第一艦隊のほうは、高須四郎中将が新司令部を第二戦隊旗艦「日向」に開いて、号令をかけたのだ。

こういうわけで、ゆらい第一戦隊は専任の司令官を原則的にはもたなかったのだが、昭和一九年三月、第一機動艦隊が編成され、その一翼第二艦隊の麾下に「大和」「武蔵」「長門」の第一戦隊が入ったとき、司令官がひさかたぶりにおかれた。かつて山本長官の下で、ＧＦ参謀長をやっていた宇垣纒中将である。

マリアナ沖海戦、レイテ沖海戦と「大和」に座乗、出撃したが、強大不沈をうたわれた「武蔵」が沈没し、ついに昭和一九年一一月一五日、ながらく長官直率を誇った栄光の第一戦隊は解隊され、宇垣司令官も退隊した。

戦隊司令官は少将職?

太平洋戦争が始まり、一年たった昭和一七年一一月現在、海軍中将で「戦隊司令官」として、その将旗を旗艦のマストにかかげていたアドミラルは三人だった。戦争の前、大正一五年以降の一六年間でもわずか九本。それも中将になったその年に着任とか、少将時代から引き続いて将旗をあげている一年目中将だった。

そして、こういう中将司令官の指揮した戦隊のなかみを見てみると、それはぜんぶ、戦艦部隊か巡洋艦部隊なのだ。

平時、たとえば、日華事変が勃発する年の初頭に発表された昭和一二年度の連合艦隊の編制は、14表にあげたような兵力で成り立っていた。第一戦隊と重巡・第四戦隊は所属長官直率なので、戦隊司令官がかかげていた将旗は合計一〇本。意外とすくないように思えるが、これでも増えたほうで、その十年前の昭和二年度は六本にすぎなかった。

表中の中将旗の主、有地十五郎三S司令官は駆逐隊司令、「榛名」艦長、一水戦司令官、水雷学校長、重巡夜戦部隊・第四戦隊司令官とかけのぼってきた、生え抜きの水雷屋だった。

このころ「金剛」クラスの高速戦艦群で、重巡戦隊と水雷戦隊を組み合わせた「夜戦隊」を支援する戦法が考えられていた。優速と大口径砲力にものを言わせ、主力の防衛にあたる敵巡洋艦群をまず撃破してしまおうという寸法だ。第三戦隊は、そういういよいよ艦隊決戦というときの、先発としての重要な目的をもった部隊だった。

以後、この三Sは常設されて、司令官に片桐英吉（砲術出身）、南雲忠一（水雷）、三川軍一（航海）、栗田健男（水雷）……と老練なバイス・アドミラルをおいたのは、こんな戦術的理由からであろう。南雲サンのごときは、昭和一四年度を最古参少将として、一五年度を一年目中将として連続二年、三戦隊に下知したのだ。

ならば昭和一二年度、ほかの戦隊司令官たちの年季の〝古さ〟度合いはいかがだったか。

14表の上欄から順に見てみる。軽巡部隊・第八戦隊の南雲司令官はこのときまだ二年目少将、

14表　昭和12年度ＧＦの編制と戦隊司令官

連合艦隊（米内光政中将）	第一艦隊（GF長官兼務）	第１戦隊（１Ｆ長官直率）	戦艦「長門」「陸奥」「日向」
		第３戦隊（有地十五郎中将）	戦艦「榛名」「霧島」
		第８戦隊（南雲忠一少将）	軽巡「鬼怒」「名取」「由良」
		第１水雷戦隊（斎藤二朗少将）	軽巡「川内」 第２・第９・第21駆逐隊
		第１潜水戦隊（小松輝久少将）	軽巡「五十鈴」 第７・第８潜水隊
		第１航空戦隊（高須四郎少将）	空母「鳳翔」「龍驤」 第30駆逐隊
	第二艦隊（吉田善吾中将）	第４戦隊（２Ｆ長官直率）	重巡「高雄」「摩耶」「足柄」
		第５戦隊（小林宗之助少将）	重巡「那智」「羽黒」
		第２水雷戦隊（坂本伊久太少将）	軽巡「神通」 第７・第８・第19駆逐隊
		第２潜水戦隊（大和田芳之介少将）	潜母「迅鯨」 第12・第29・第30潜水隊
		第２航空戦隊（堀江六郎少将）	空母「加賀」 第22駆逐隊
	直率	第12戦隊（宮田義一少将）	敷設艦「沖島」水母「神威」 第28駆逐隊
	付属		特務艦「間宮」「鶴見」

まあ中堅リア・アドミラルだった。翌々年度に前記した三戦隊司令官、そしてのちに、いわずとしれたハワイ空襲機動部隊指揮官になる提督である。

一水戦の斎藤司令官も二年目少将、南雲サンと海兵同期。この人はノーマークだったが、第二七、第五駆逐隊司令、「夕張」「古鷹」戦艦「長門」艦長そして第一水雷戦隊司令官になった、独学「水雷屋」である。だが残念なことに、着任早々の一二年一月、病気で急死してしまった。

小松輝久侯爵はなりたての一年目少将。北白川宮能久親王の第四王子として生まれ、臣籍に降下した華族さまだ。もともとはテッポー屋なのだが、潜水母艦「迅鯨」艦長あたりからモグリ屋社会とかかわり始め、この年度の一潜戦司令官それから潜水学校長、戦争中は潜水艦部隊の第六艦隊司令長官までつとめた。

一航戦司令官の高須四郎少将は三年目の古参少将だった。高須サンも元来は砲術屋で、若い海軍士官たちが犬養首相を殺害した五・一五事件では、海軍側軍法会議の裁判長をやったことで有名だ。また昭和一九年三月、古賀GF長官一行が飛行艇で移動中に遭難したとき、南西方面艦隊司令長官だったが、GF次席指揮官であった関係から、一時、連合艦隊の指揮をとったことでも知られているアドミラルである。

つづいて下に移って、第二艦隊のほうを見てみよう。四戦隊は吉田善吾長官の直率なので、

小林五戦隊司令官　四年目少将　砲術出身
坂本二水戦司令官　一年目少将　水雷出身

大和田二潜戦司令官　　二年目少将　水雷出身
堀江二航戦司令官　　一年目少将　水雷出身
という状況だった。ワシントン会議による軍縮時代に入ってからの第五戦隊は、つねに第二艦隊に属しており、その司令官には代々、小林四年目少将のような〝古だぬき〟リア・アドミラルか一年目中将をおくのが恒例だった。

これは、第一艦隊の三戦隊の場合もそうなのだが、艦隊の基幹となる戦隊の一つには、司令長官にもしものことがあったさい、艦隊指揮を継承するのに都合のよい古参少将をおく必要があったからであろう。

といったわけで、海上での戦隊司令官のたいていは、少将の職であった。だから、さきほどの宇垣中将第一戦隊司令官なぞは、数多い司令官のなかの司令官、「大司令官」だったのだ。なにしろ、同時期中将進級の角田覚治サンは第一航空艦隊司令長官に任命されていたのだから。

14表にはもう一つ、GF直率部隊として、「第二二戦隊」というスコードロンがこの年度はじめに設けられている。「敷設艦と水上機母艦がまじって何をするのか？」とお思いだろう。これは主として、将来起きるかもしれない対米戦争にそなえ、南洋群島中にある環礁を調査して兵要地誌のもとをつくったり、飛行場や艦隊泊地の適地を探りだすのを目的に臨時編成されたのだ。

宮田義一司令官は砲術出身の二年目少将。ウルシー、コッソル水道あるいはヤルート、クエゼリン、ウォッジェ、テニアン……聞いたことのある、懐かしい名前の環礁、島々を調べてまわったらしい。

飛行機屋司令官

ところで、砲戦をメインとする戦艦戦隊、魚雷を生命とする水雷戦隊、サブマリンの潜水戦隊……そんな戦隊の術科的特性と、そこに配置される司令官のそれまでの専門経歴とは、うまくマッチするように人事がなされていたのか。

戦隊レベルまでは、その指揮官には、できるだけスペシャリストが望ましい。

昭和一二年度の例でみると、水雷戦隊は二コ部隊とも水雷術出身者が配されている。が、ほかの戦隊を眺めると、司令官が尉官、佐官時代に修めたマークとは必ずしも一致していないのがある。たとえば一航戦はテッポー屋、二航戦のほうは水雷屋だ。

しかし、堀江六郎少将はすでに空母「鳳翔」艦長、館山航空隊司令、空母「赤城」艦長を経験している。中年からの年季だったが、いわば転職「飛行機屋」ともいえる存在だった。このころ、航空界生えぬきの桑原虎雄、吉良俊一、大西瀧治郎といったメンバーは、まだ大佐で、司令官になるには少々早すぎる年代だったのだ。よその分野からの流用もやむをえない仕儀といえた。

だが、それから約六年後、昭和一七年一一月になると、「戦隊」と名のつく部隊におかれる司令官の出身専門別は、15表のようになっていた。陸上基地航空戦隊の指揮官には、その多くに飛行機屋がおさまっている。日本海軍の航空界も、太平洋戦争を始めたころには、たんに機材の質や量だけでなく、組織・制度的にもこれだけ成長していたのだ。

15表　戦隊司令官の出身術科（S．17．11．1現在）

術科＼戦隊	戦　隊	水雷戦隊	潜水戦隊	防備戦隊	航空戦隊	
					母　艦	陸上基地
砲　術	0	0	0	0	1	1
水雷術	4	4	4	2	0	1
通信術	1	0	1	1	0	0
航海術	2	0	0	0	1	0
航空術	0	0	0	0	0	5

ただ、この年この時点では、表から明らかなように、意外と思えるほどテッポー屋出身の海上部隊司令官がすくない。わずかに一人。それも大砲に重きをおく一般「戦隊」ではなく、第二航空戦隊司令官としてであった。この人の名は、闘志満々、猛将としてあまりにも名高い角田覚治中将である。それにしても、どうしてこんなに砲術屋司令官がすくなかったのだろう。筆者には理由不分明である。たまたま……ということだったのか。

一国一城のあるじ「艦長」になったとき、多くの兵科将校にとって、それはわが世の春をうたいたくなるような気分だったという。ならば、そんなイクサブネを何杯もたばねる戦隊司令官になったときにはどんな気持がするものだろう。

その彼には、補佐をする幕僚として、中佐から大尉までの階級の将校二人が参謀勤務についた。それだけでなく、規定上、二人の参謀増加が認められており、うち一人は機関科将校があてられ、

たいていはこの四人体制で司令部をきりもりした。

いわゆる〝ナワを吊った〟士官たちである。すなわち「先任《セ》参謀《サ》」「砲術《ホ》参謀《サ》」「通信《ツ》参謀《サ》」「機関《キ》参謀《サ》」のカルテットだった。（ツサは航海も担当する）そしてふつう、戦隊「機関長」として機関大佐か中佐も一人、幕僚としておかれたが、こちらは参謀ではないので「飾緒《ナワ》」はつらなかった。軍艦ではいかに艦長がエライといっても、こんな己《おの》が周囲をかざるお膳《ぜん》立てはない。

ところで、いままで戦隊司令官には中将か少将、それも多くは少将の職、と書いてきたが、じつは規則上はそうではなかった。海軍定員令によれば、「中将、少将、大佐」が任命されることになっていた。

海軍大佐の司令官。現実にその例は、数はすくないがある。昭和初年以降では、七年に一名、九年に一名、一一年に三名、一五年に一名、一六年にはだいぶ増えて一〇名、太平洋戦争が始まる前までに、すくなくともこれだけの大佐司令官が誕生した。しかし、そのたいていは少将進級直前の発令が多く、着任数ヵ月後には少将旗を揚げる例が多かったようだ。

だから、本来的には司令官の職は中少将の役目なのだが、人事上の理由から海軍大佐に「代将旗」を揚げさせて、将官の任務を代行させたのだ、と筆者は考えるのだが、読者の皆さんのご意見はいかがであろう。

栄達コース――独立艦隊シカ

といっても、海軍では、司令官とよぶ指揮官をキャップにかぶる部隊は戦隊だけではなかった。そのため、区別上しつこいほどに、必要なところでは戦隊司令官、戦隊の司令官と書いたわけだ。

ならば、どんな司令官がほかにあったか。

まず、「艦隊司令官」があげられる。「ん？　艦隊のボスは司令長官というのではないのか」とおっしゃる方もおられよう。GFにしろ二Fにしろ、たいていのフリートはそうだったのだから。しかし、艦隊司令官の名称は、前に「艦隊司令長官と艦隊司令官」の項で出したことがあるので、覚えている読者がおありだろう。

日露戦争直前に、艦隊の内部をはじめて戦隊に区分し、艦隊司令長官の命をうけて、部下の艦隊司令官は戦隊と称する「艦隊ノ一部ヲ指揮ス」と規定された。ややこしい表現で申しわけないが、このときの戦隊編制は一時的なもので、「艦隊条例」で法規的にきめられたわけではなかった。戦争が終わると間もなく、艦隊のなかみはもとのバラバラの軍艦の寄り集まりにもどったのである。

それが、きちんと制度化され、常時、戦隊が編成されるようになったのは、大正三年の「艦隊令」新定時からだった。

以来、戦隊の指揮は戦隊司令官がとるようになったのだが、じつは、正式に「戦隊ニ司令官ヲ置ク」と条文が書き加えられたのは、すこしおくれて大正八年の改正時だった。というわけで、艦隊令に「艦隊ニ……司令官ヲ置ク」の文言は残されたが、じっさいのうえで、司令官を頭にいただく艦隊は「独立艦隊」だけになっていた。

しからば独立艦隊とは——。例をあげたほうが早かろう。第一次世界大戦のときに出征した第一、第二、第三特務艦隊が、そうだ。

大正六年、ドイツ側が「無制限潜水艦作戦」を宣言したので、たびかさなる英国からの出動要請があり、ついに日本も遠く外洋へ艦隊を送ることにした。司令官小栗孝三郎少将の第一特務艦隊が、インド洋と南シナ海からさらに一部の分遣隊は南アフリカ方面にかけ、佐藤皐蔵少将の第二特務艦隊は地中海へ、山路一善少将の第三特務艦隊がオーストラリア、ニュージーランド方面へと雲煙万里、はるけくも出動したのだ。

すでに豪州船護送でサクサクの好評をかちとっていたので、地中海でも「日本艦隊には、ぜひ軍隊輸送船の護衛にあたって欲しい。勇敢細心な日本海軍軍人にこの任務を一任したい」という連合軍一致の意見だったそうだ。

期待にこたえ、わが艦隊は立派にその任務をはたした。信頼をうらぎらなかったそんなわ

地中海における日本の"特務艦隊"（大正6年）

が海軍が、なのに、太平洋戦争ではあれほど対潜作戦に苦杯をなめたのはどうしたことであろう。

小栗司令官はこの当時、四年目少将で、出征中、中将に進級し、のちに大将に栄進、佐藤司令官は一年目少将でのち中将。三年目少将の山路司令官ものちに中将に進級した。この人は山本権兵衛大将のムスメムコだが、みなさん偉くなっている。ならば、独立艦隊司令官には、将来、中将、大将にえらばれるような提督が任命され、また、かならずそんな栄官になれたのか。

ほかに、独立艦隊には中国に派遣されていた第一、第二遣外艦隊と、それから少尉候補生たちを乗せて遠航に行く練習艦隊があった。遣外艦隊司令官《シカ》は歴代合わせると、昭和八年までに両方で一三人にのぼる。うち、後日大将に昇った人は四人、中将進級者が七人だ。

16表　練習艦隊司令官

年　度	氏　　名	階級	
		司令官着任時	最高昇進時
T. 7年	中野　直枝	中将（2年目）	中　将
8年	堀内　三郎	少将（4年目）	中　将
9年	船越揖四郎	中将（1年目）	中　将
10年	斎藤　半六	中将（1年目）	中　将
11年	谷口　尚真	中将（2年目）	大　将
12年	斎藤七五郎	中将（1年目）	中　将
13年	古川鈊三郎	中将（1年目）	中　将
14年			
15年	山本　英輔	中将（2年目）	大　将
S. 2年	永野　修身	少将（4年目）	大　将
3年	小林　躋造	中将（2年目）	大　将
4年	野村吉三郎	中将（3年目）	大　将
5年	左近司政三	中将（3年目）	中　将
6年	今村信次郎	中将（2年目）	中　将
7年	百武　源吾	中将（3年目）	大　将
8年	松下　　元	中将（2年目）	中　将

そして大将は全員、第一遣外艦隊司令官経験者のなかから出、のこりの人もみな中将になっている。これはダンゼン輝かしい、栄光のポストだったといえるだろう。海軍大将になった四人とは、野村吉三郎、永野修身、米内光政、塩沢幸一のアドミラルである。

　これに反し、二遣外では艦隊そのものが置かれない年度もあったし、部隊規模も小さかった。そんなせいか、二人が少将のままリタイアしており、シカの未来への上昇気流は一遣外よりも少々弱かったようだ。

　大正七年度からあとの練習艦隊司令官の顔ぶれを見てみると、16表のようになる。二人ほど四年目少将が配置されていたが、このポストは完全に中将職といえるだろう。うち六人が後年、大将に昇進だ。たった二ハイか三バイのボロ軍艦で構成される候補生の実務練習艦隊へ、このような人材をあてたところに、海軍の彼ら未来の士官にかけた期待のほどがうかがえる。

ともあれ、こういうのが独立艦隊である。独立艦隊司令官たちの行く手の展望は、こんなぐあいでかなり明るいものであった。

要港部司令官の行く末

太平洋戦争直前まで、徳山いがいの要港には要港部がおかれていた。昭和一六年一一月に警備府と名前が改まり、頭領は司令長官とよばれるようになったが、それまでは司令官だった。すでに一四年一二月、舞鶴は鎮守府に再昇格していたので、大戦突入一年前の時点でいえば、大湊、鎮海、馬公、旅順の各要港部に司令官がいたわけである。

日本の陸上、海上を大きく四分して第一、第二……と四海軍区に分け、そこに軍港を一つずつ置いて鎮守府が蟠居《ばんきょ》していたのはご承知のとおりだ。その海軍区のなかで、要港部は防御や警備の任務を部分的に鎮守府から移譲され分担していた。たとえば樺太、北海道、青森県、秋田県の陸上、海上防衛任務は大湊要港部があたり、盛んだったサケ、マス、カニの北洋漁業の保護には、長年、大湊を定係港とする第一駆逐隊が従事していた。

しかし、鎮守府と要港部の間に、直接上下の指揮関係はなかったので、企業でいえば支社ではなく系列子会社的存在といってよかったろう。そんな要港部の昭和に入ってからの司令官を見てみよう。

格上げになるまでの舞鶴は、ここが筆頭要港部だった。日本海側最大のかなめだったのだから、それも当然だろう。無条約時代が近づくと、昭和一一年六月、要港部ではここの司令官だけが親補職にあらためられた。昭和元年以降、一二人のアドミラルが就任したが、初任時から全員中将。末次信正、百武源吾、塩沢幸一の三司令官はのちに大将に昇進している。

日露戦争の日本海海戦のとき、わが連合艦隊がバルチック艦隊をむかえてうって出た、鎮海の要港部にも一二人ぜんぶが中将での着任だった。このなかからも、後年、海軍大臣をつとめることになる米内光政、艦政本部長になるさきほどの塩沢幸一、それから日本海軍最後の海軍大将昇任者塚原二四三、三人が大将に進級している。

昭和期の鎮要司令官はふつう言われるようにそこが行き止まりどころか、なかなか将来の開けたアドミラルもすわったのだ。

台湾海峡は澎湖《ホーコ》諸島の馬公要港部の司令官はつごう一三名。ここは少将で任命される人が多かった。九人をかぞえたが、少将のまま海軍を去ったのはたった二人で、あとはみなさん中将に進級している。ただし馬要シカ出身の大将はゼロ。そして警備府にかわってしばらくたった昭和一八年四月、高雄警備府が新設されるとそこに任務を引きついで廃止になった。

北辺のまもり大湊要港司令官にも、少将での赴任が多かった。昭和一ケタから日華事変はじめにかけての一一名ぜんぶがそうで、中将での着任は後年になって星埜守一、大熊政吉の二人きりだった。三人をのぞいて中将にのぼれはしたが、しかし全一三名の司令官のうち、一〇名までがここでの勤務を終えると待命、間もなく予備役編入というコースをとっていった。雪国の海軍道路はその先が暗く閉ざされていたのである。一口に要港部といっても、おのおのにランクの上下があったようだ。

インフレの将旗

日華事変がおきるまでの「司令官」といえば、いままで書いてきた海上の戦隊司令官、独立艦隊司令官、陸上では要港部司令官、それに上海海軍特別陸戦隊シカと駐満海軍部司令官ぐらいのものだった。

ところが昭和一二年、事変が始まってからはそれまでにはなかった部隊が、とくに陸上に多くつくられだした。いわく連合航空隊、いわく連合特別陸戦隊……。

ちょっと17表を見ていただこうか。アドミラルたちが、司令官として掲揚した中将旗と少将旗の数だ。将旗のことについてはいずれまたあらためて書くが、当時、毎年これだけの中将司令官、少将司令官がいたということになる。

17表　将旗の数（司令官）

年度	中将旗	少将旗
S．2年2月	5	7
6年1月	4	10
9年1月	4	15
12年1月	5	21
14年1月	6	23
17年11月	12	53

そして、たとえば昭和一二年では、その六七パーセントが海上にひるがえっていた。だが、それが太平洋戦争になると、比率は逆転し、約六五パーセントは陸上の司令部ポールにはためくようになっていたのだ。海上部隊では二三本なのに、陸上では従来の連合特別陸戦隊などだけでなく、特別根拠地隊と根拠地隊とで合計

二五本も景気よく将旗を揚げたからだ。もっとも、こういう部隊の司令官でも、所属する艦艇に将旗を掲げることはあったが。

これは近代海軍の戦闘の様式がかつてとは大幅に変化し、陸上に根じろを置く部隊への依存度がいちじるしく高くなったことの一つの表われでもあった。昭和一七年一一月現在の合計数六五本は、一二年一二月のときのおよそ五倍半、「将旗もインフレだなぁ」と士官連をなげかせたが、また一面、「俺も、もうすぐ……」とほくそえませもしたのだ。だれしも、自分の指揮官としてのシンボルが、高々と空中にのぼるのを見るのは嬉しくないはずがない。

さらに、陸上基地航空戦隊司令官が七本もフラッグを揚げたのも、このインフレ上昇に一役買っていた。昭和一六年一月、外戦用の陸上航空隊をひとまとめにして、画期的な航空集団「第一一航空艦隊」がつくられた。このフネをもたない艦隊が、太平洋戦争緒戦時、マレー沖海戦やフィリピン、蘭印方面で、敵艦隊や航空部隊をサク岩機でブチ壊すように荒らしまわったのは、よく知られているところだ。

さきほど書いたように、海軍の戦隊というのは、軍艦その他の艦艇から成り立っているのが本来だったが、この一一航艦のなかでは陸上航空隊二隊以上で航空戦隊を編成したのだ。そして、空母の一ケタ番号戦隊と区別して、二〇番台の番号をつけていた。

ところで、こういう基地航空隊数コをまとめる戦隊的使用はこのときがはじめてではなかった。日華事変いらい「連合航空隊」をつくって作戦していたのだが、新編「二一航戦」は前称「第一連合航空隊」、二四航戦は第四連合航空隊だった。あの山口多聞サンや大西瀧治郎サンも、かつては一連空、二連空司令官として中国奥地爆撃の指揮をとったこともあった。

大戦の後期、こんな陸上航空戦隊司令官に、有馬正文という少将がいた。「あぁ、空母へ体当たりして、特攻のさきがけになった司令官か」と、ご承知の方も多かろう。当時、少将みずからが飛行機に乗り、敵艦に突入したということで話題になり、国民に強烈な感動をあたえた。しかし同時に、「なんで少将のおエラ方が、飛行機に搭乗して……」と、すくなからず異常感もいだいたものだった。

が、じつは、われわれシロートの素朴な疑問とは別な理由から、それは、通常では起きてはならない出来ごとだったのである。太平洋戦争なかごろまで、外戦用海軍陸上航空部隊は「航空艦隊――航空戦隊――航空隊」という指揮系統だった。ところが、昭和一九年七月一〇日から、航空隊の運用、空中指揮は航空艦隊長官が直接とることに改められていた。
簡単にいうと、航空戦隊司令官はバイ・パスされてしまい、彼は飛行隊が翼を休めるね

ぐらとしての基地の管理や防衛にあたる、裏方部隊指揮官に一転してしまっていた。

ただ、作戦上必要があれば、航艦長官の命によって、自分の配下の基地に来ている飛行機隊を指揮することはあった。たとえば、有馬司令官がニコルス・フィールド飛行場にいたとき、彼は「マニラ地区防空指揮官」を命じられていたので、二〇一空戦闘機隊の指揮をとったことなぞ、その例だ。

だが、ふつう、敵艦隊などへ攻撃をかけるような作戦では、すべて司令長官がじかに航空隊に命令をくだし指揮するのが新しい方式だった。したがって、昭和一九年一〇月一五日、七六一空の中攻三機が敵艦隊攻撃に向かったさい、指揮官として搭乗していったのは、指揮系統のうえからいって多分に問題のある行為であった。

しかし、そんなことは、有馬司令官は百も承知だった、はずである。なのに彼は飛んで征った。それは、このごろよく使われる言葉の〝超法規的〟な行動、海軍を、国民を覚醒《かくせい》させるための、やむにやまれぬ意志の発露だったといえるのではあるまいか。

ヒカリ輝くGFサチ

「参謀なんて、長官や司令官の手足になって働くたんなる事務屋だよ」と、ケンソンしておっしゃる元参謀もいる。が、どうしてどうして一般のわれわれにはそうは受けとれず、参謀といえばずいぶんエラい将校のように思えたものだ。なんといっても、あの参謀肩章といわ

18表　昭和期ＧＦ参謀長

氏名	海兵期	海大期	少将進級	在任期間
高橋　三吉	29	10	T.14.12. 1.	T.15.12.～S. 2.12.
浜野英次郎	30	12	T.15.12. 1.	S. 2.12.～S. 3.12.
寺島　健	31	12	S. 2.12. 1.	S. 3.12.～S. 4.11.
塩沢　幸一	32	13	S. 3.12.10.	S. 4.12.～S. 5.12.
嶋田繁太郎	32	13	S. 4.11.30.	S. 5.12.～S. 6.12.
吉田　善吾	32	13	〃	S. 6.12.～S. 8. 9.
豊田　副武	33	15	S. 6.12. 1.	S. 8. 9.～S.10. 3.
近藤　信竹	35	17	S. 8.11.15.	S.10. 3.～S.10.11.
野村　直邦	35	18	S. 9.11.15.	S.10.11.～S.11.11.
岩下保太郎	37	20	S.10.11.15.	S.11.11.～S.12. 2.
小沢治三郎	37	19	S.11.12. 1.	S.12. 2.～S.12.11.
高橋　伊望	36	17	S.10.11.15.	S.12.11.～S.14.11.
福留　繁	40	24	S.14.11.15.	S.14.11.～S.16. 4.
伊藤　整一	39	21	S.12.12. 1.	S.16. 4.～S.16. 8.
宇垣　纒	40	22	S.13.11.15.	S.16. 8.～S.18. 5.
福留　繁	40	24	S.17.11. 1.（中将）	S.18. 5.～S.19. 4.
草鹿龍之介	41	24	S.19. 5. 1.（中将）	S.19. 4.～S.20. 6.
矢野志加三	43	25	S.17.11. 1.	S.20. 6.～S.20. 9.

れた「飾緒」が、〝並の士官とは違うんだぞ〟という印象を強烈に押しつけてきた。

たしかに艦隊や戦隊の司令部自体の〝格〟によって、一口に参謀といってもピンからキリまであったようだ。しかし「連合艦隊参謀」ともなると、これは、戦前戦中を通じ最高のスタッフをつねに揃えていた。兵科将校参謀にはほとんど全部、海軍大学校甲種学生卒業者をあてていたのでもわかる。

だから、彼らの元締めになる連合艦隊参謀長《サチ》となれば、いつの時代でもピカピカ光るような人材が配された。18表を見れば、大方よく知られている著名人ばかり、どんな輝きようであったかがご理解いただけよう。

このなかには海大優等卒業生五人、大将に昇った人物が七人もいるのだ。寺島健中将も艦隊派、条約派抗争の渦に巻きこまれて予備役編入にならなければ、大将マチガイなしだったろう。あの井上成美大将と同期の岩下保太郎少将も、海兵は三番卒業、海大の恩賜組。GF参謀長在任中に病気で急逝したのだが、もしもそんなことがなかったら……。

それから、やはり同期の小沢治三郎中将なぞは大将進級を辞退したのだと伝えられている。四〇期以後の福留サン、宇垣サン、草鹿龍之介サンたちも、海軍が存続していれば大将有望の存在だったはずだ。

こんな連合艦隊参謀長には、少将か大佐が配置されるのが定めで、平時、18表によれば二年目少将を置く例が多かったようである。ただし「戦時又ハ事変ニ際シテハ……中将ヲ以テ補シ」得ることになっていた。宇垣中将、二回目サチの福留中将、草鹿中将はその例だ。

日華事変なかば過ぎまでの連合艦隊は第一艦隊と第二艦隊がそのすべてだった。ほかに所属する艦隊はない。で、GF司令長官兼一F長官が旗艦である戦艦の上から全艦隊に号令をかけ、参謀長以下の司令部職員も両方を兼任していた。「連合艦隊参謀兼第一艦隊参謀」という辞令が出ていたわけである。当然、第二艦隊には別個の司令部があった。

ならば連合艦隊一方の雄、二F参謀長にはどのようなお歴々が顔を並べたのであろう。19表が昭和に入ってからの、その面々である。18表とくらべてみると、何人かをのぞいて、多

19表　昭和期２Ｆ参謀長

氏名	海兵期	海大期	少将進級	在任期間
松山　茂	30	13	T.15.12. 1.	T.15.12.～S. 2.12.
寺島　健	31	12	S. 2.12. 1.	S. 2.12.～S. 3.12.
堀　悌吉	32	16	S. 3.12.10.	S. 3.12.～S. 4. 9.
塩沢幸一	32	13	〃	S. 4. 9.～S. 4.12.
嶋田繁太郎	32	13	S. 4.11.30.	S. 4.12.～S. 5.12.
小槇和輔	33	16	S. 5.12. 1.	S. 5.12.～S. 6.10.
中村亀三郎	33	15	S. 6.12. 1.	S.6.10.～S. 8.11.
有地十五郎	33	15	S. 7.12. 1.	S. 8.11.～S. 9.11.
三木　太市	35	18	S. 9.11.15.	S. 9.11.～S.10.11.
水戸　春造	36	18	S.10.11.15.	S.10.11.～S.11. 4.
新見　政一	36	17	〃	S.11. 4.～S.11.12.
三川　軍一	38	22	S.11.12. 1.	S.11.12.～S.12.11.
伊藤　整一	39	21	S.12.12. 1.	S.12.11.～S.13.11.
高木　武雄	39	23	S.13.11.15.	S.13.11.～S.14.11.
鈴木　義尾	40	23	S.14.11.15.	S.14.11.～S.16. 8.
白石　万隆	42	25	S.16.10.15.	S.16. 8.～S.18. 7.
小柳　富次	42	24	S.17.11. 1.	S.18. 7.～S.19.11.
森下　信衛	45	29	S.19.10.15.	S.19.11.～S.20. 4.

少われわれにとっての知名度は下がるようだ。GFを支える柱としての重要度は大きいのだが、〝主力部隊〟を自称他称する第一艦隊との看板の差がしからしむるところか。

人材を評価するとき、学校の成績でとやかくいうのは好ましくないが、能力判断の一応の目安としてGFサチと二Fサチの海兵卒業席次を比較すると、こんなふうになる。連合艦隊兼第一艦隊参謀長はトップから平均およそ九パーセントの範囲、これにたいし、第二艦隊参謀長は約一九パーセントの席次と、若干下がるのだ。

塩沢幸一少将は二番、ソロモン海戦でアッという間に敵巡洋艦、四隻撃沈のクリーンヒットをとばすことになる三川軍一少将は三番で江田島を出た恩賜品受賞者。さらに山本五十六元帥が兄事しフンケイの友であった堀悌吉サンのように、一九一人中一番で卒業し、海大も優等で卒えたシャープなアドミラルもいることはいた。しかし、某提督のように、勇猛果敢で海軍じゅうに鳴り響いていたが、卒業席次は一六九人中七四番、見敵必戦主義の闘将がいたため、見かけの評価数値が低下したのだ。

それかあらぬか、後年、このなかから大将に昇進したのは塩沢幸一、嶋田繁太郎の二人だけだった。ただ、大戦中、サイパンで第六艦隊長官として戦死した高木武雄中将と、「大和」に乗って水上特攻作戦に出撃、途中戦死した伊藤整一中将は没後大将に進級しているが、これは別である。二FサチはGF・一Fサチと同期か一、二年若いクラスの少将、大佐がなるのがふつうだった。

だが、そんな参謀長の海兵席次が一割近所であろうと二割近くだろうと、たいした問題ではない。むしろ後者のほうが、苛烈な戦場裏の幕僚長としては適格であったかもしれない。俊敏性よりも強靱性にとんでいたと思われるからだ。

実際上でも、第二艦隊は太平洋戦争中、東奔西走いちばん活躍した部隊だった。最後は「大和」を旗艦に、伝統ある第二水雷戦隊を引き連れて沖縄に向け出撃し、身をすりつぶすまでに働いたのはよく知られているとおりだ。惜しむらくは、レイテ湾に突入しなかったことであろう。

なお、18表、19表の彼ら両艦隊参謀長の出身術科は次のようにわかれていた。

連合艦隊兼第一艦隊＝砲術八名、水雷術六名、航海術四名

第二艦隊＝砲術六名、水雷術八名、航海術四名
艦《ふな》乗りとして一般性のある航海屋は別にして、テッポー屋と水雷屋の数字が、一Fと二Fとで入れ換わっている。それぞれの司令長官と参謀長、先任参謀の出身術科組み合わせを調べないと即断は難しいが、大口径砲中心の戦艦艦隊と優速・軽快、決戦時には水雷による夜襲をもっぱらとする艦隊の特質のちがいを、一応は示す数字ではないだろうか。

ニビ色の鎮守府サチ

日華事変が始まる前年までの日本海軍で、参謀長と名のつく職のおかれた司令部は、艦隊のほかには鎮守府、要港部それから駐満海軍部だけだった。

さっきも書いたが、要港部のうち舞鶴は昭和一四年一一月から鎮守府に格上げされ、ほかの要港部も一六年一一月、警備府と改名された。いってみれば、こんな要港部、警備府はミニ鎮守府みたいなものだったので省略し、ここでは横須賀をはじめとする鎮守府参謀長の周辺を少々見てみよう。

一F、二Fサチの前例にしたがって、昭和に入ってからの彼らの全氏名を書き上げるとよいのだが、煩瑣なので横須賀と呉の鎮守府についてだけ、20表、21表としてのせることにする。

さて、この表中の顔ぶれの知名度はどうであろう。横須賀には、のちに大将に進んだ長谷

20表　昭和期　横鎮参謀長

氏名	海兵期	海大期	少将進級	在任期間
宇川　済	28	10	T.13.12. 1.	T.14. 2.～S. 2.12.
長谷川　清	31	12	S. 2.12. 1.	S. 2.12.～S. 4.11.
植村　茂夫	31	14	〃	S. 4.11.～S. 5.12.
豊田貞次郎	33	17	S. 5.12. 1.	S. 5.12.～S. 6.11.
浜田吉治郎	33	15	S. 6.12. 1.	S. 6.11.～S. 8.11.
園田　実	34	16	S. 7.12. 1.	S. 8.11.～S. 9. 9.
井沢　春馬	35	18	S. 9.11.15.	S. 9. 9.～S.10.11.
井上　成美	37	22	S.10.11.15.	S.10.11.～S.11.11.
岩村　清一	37	19	〃	S.11.11.～S.12.12.
田結　穣	39	23	S.12.12. 1.	S.12.12.～S.13. 2.
副島　大助	38	21	〃	S.13. 2.～S.14.11.
岡　新	40	22	S.13.11.15.	S.14.11.～S.15.12.
遠藤　喜一	39	21	S.12. 1.	S.15.12.～S.16.10.
金沢　正夫	39	21	S.13.11.15.	S.16.10.～S.16.12.
藤田利三郎	40	22	S.14.11.15.	S.16.12.～S.18. 9.
松永　貞一	41	——	S.15.11.15.	S.18. 9.～S.19. 3.
横井　忠雄	43	26	S.17.11. 1.	S.19. 3.～S.20. 5.
古村　啓蔵	45	27	S.18.11. 1.	S.20. 5.～S.20.11.

川清とか豊田貞次郎、井上成美といったアドミラルも在任したし、呉には海軍大臣にもなる及川古志郎少将がいた。しかし、「どうも、あんまり名前を聞いたことないなぁ」というような将官が多いのではなかろうか。

それは、佐世保鎮守府や舞鶴になるとなおのこと。佐鎮のサチからは大将昇進者が一人も出ていないのだ。舞鶴は若い鎮守府なので当然だったが、ここには、レイテ海戦で第五艦隊を引き連れて出撃したものの、湾内に突入せず反転した志摩清英中将が勤務していた。

それからいま一人、井上海軍次官から密命をうけて終戦工作に奔走した、知る人ぞ知る高木惣吉少将も、大佐時代から少将にかけてサチをつとめてい

21表　昭和期　呉鎮参謀長

氏名	海兵期	海大期	少将進級	在任期間
伊地知清弘	30	12	S.15.12. 1.	S.15.12.～S. 3.12.
及川古志郎	31	13	S. 3.12.10.	S. 3.12.～S. 5. 6.
鈴木　義一	32	14	S. 5.12. 1.	S. 5. 6.～S. 6.12.
井上　肇治	33	16	S. 6.12. 1.	S. 6.12.～S. 7.11.
住山徳太郎	34	17	S. 7.12. 1.	S. 7.11.～S. 9.11.
谷本馬太郎	35	18	S. 9.11.15.	S. 9.11.～S.10.11.
新見　政一	36	17	S.10.11.15.	S.10.11.～S.11. 4.
佐藤　市郎	36	18	S. 9.11.15.	S.11. 4.～S.11.12.
戸苅　隆始	37	19	S.10.11.15.	S.11.12.～S.13.12.
中村　俊久	39	22	S.13.11.15.	S.13.12.～S.14.11.
宇垣　完爾	39	23	S.14.11.15.	S.14.11.～S.16. 9.
中島　寅彦	39	21	S.13.11.15.	S.16. 9.～S.18. 1.
小林　謙五	42	24	S.16.10.15.	S.18. 1.～S.18. 6.
大西　新蔵	42	26	〃	S.18. 6.～S.19. 9.
橋本　象造	43	25	S.18. 5. 1.	S.19. 9.～S.20.10.

る。

横須賀、呉、佐世保の三鎮守府の参謀長は少将配置だったが、舞鶴だけは少将もしくは大佐のポストだった。一段格が下がる、ということだろうか。

海軍のフネには小っぽけな特務艇にいたるまで、本籍が定められていた。が、太平洋戦争直前までの舞鎮には、戦艦、空母の所属はなかった。新生鎮守府でしかも事変中ということもあってか、大艦の移籍は行なわれず、わずかに重巡「利根」「筑摩」が〝マイチン戦艦〟とよばれる大きい艦だったのだ。というわけでもあるまいが、ここの参謀長の平均海兵卒業席次は上から約三三パーセントの位置、四人の在任者中、海大を出ていない人が三人も占めていた。

これと裏はらに、当時、筆頭鎮守府といわれていた横鎮のサチ卒業成績はおよそ八パーセント地点という好位置、そして一人を除いて全員が海大卒業、しかも五人が恩賜受賞者だった。「さすが〜、大将昇進の多いのももっとも」というべきか。

では呉鎮はといえば、海兵卒業成績が約一五パーセント地点、全員海大卒業うち二名優等、佐世保は一八パーセント地点、海大を出ていない者は一人もいなかったが優等卒業もなし、という状況だった。どうやらこんなデータも、四つの鎮守府の格付けをそれとなく表わしているようだ。

それにしても、鎮参謀長の知名度が戦後のわれわれにとってやや低く感じられるのは、鎮守府という官庁のもつ性格に原因があったのではないか。連合艦隊は日本の国防をしょって立つ花形海上部隊、外戦部隊である。

だが鎮守府は、艦船部隊を使って作戦をするとはいうものの、小型艦や旧式艦の多い、防御的内戦部隊であった。かつ、そういうこととあわせ、ここの配下には海軍工廠とか海軍病院、軍需部やら経理部、港務部などのお役所をたくさんかかえ、作戦部隊の後方支援をする軍政機関としての性格がより強かったのだ。しぜん、鎮守府参謀長には軍政系統のアドミラルが配置されることが多かった。

将来、大臣、大将になった人はべつとして、たとえ中将になり艦隊長官になっても、決戦部隊ではなく、方面艦隊へ行くことが大部分だった。そんなわけで、戦後もハナヤカな海軍戦記の舞台に登ることはすくなく、一般に知られる機会も乏しかったのだろう。

機関科出身の参謀副長

戦争が始まると司令部も忙しくなる。日華事変が起きてからつくられた根拠地隊には参謀長がいたし、上海特別陸戦隊にもサチがおかれるように改められた。昭和一八年一月からは、場合によっては航空戦隊にも参謀長として、少将か大佐を配してもよいように改定された。それでもなお忙しい状況になったので、艦隊などには、あらたに「参謀副長」という制度をこしらえた。

「大東亜戦争中、連合艦隊、艦隊、警備府、商港警備府ニハ……参謀副長（少将、大佐二人以内）ヲ置クコトヲ得。参謀副長ハ参謀長ヲ補佐ス」と昭和一八年六月に新しい規定をつくったのだ。ただし、その前年に、南東方面艦隊にはもう置かれていた。

いや、じつは事変の中ごろから支那方面艦隊には参謀副長が設けられていた。そのそもそもは、のちの連合艦隊参謀長草鹿龍之介サンにあったらしい。彼は昭和一二年一〇月、第三艦隊参謀に補せられた。人事局に顔出しすると、「近く三Fは支那方面艦隊に格上げされ、貴様はその参謀副長格の予定だ。しかし海軍にはまだそんな制度はないので、自分で参謀副長なり副参謀長なり都合のよい呼び方で働いてくれ」といわれたのだそうだ。

そこで「出雲」に着任した彼は、長谷川清長官の前でも参謀副長を自称し、食卓の名札も私室の名札もすべて参謀副長にした。長官ははじめ反対だったらしいが、杉山六蔵サチ以下

草鹿 龍之介 少将

参謀はみなそう呼んだので、とうとう司令長官も参謀副長と口にするようになった。そのうち、これが正式呼称となり、次の福留繁大佐から「参謀副長」として発令されることになったのだそうである。

さきほどの法令にもとづいて、連合艦隊に参謀副長がおかれたのは昭和一八年六月一一日、小林謙五少将の着任が最初であった。ところが翌年暮から二〇年はじめにかけ、このGF参謀副長の人事をめぐってちょっとしたイザコザがあったようだ。

当時、GFサチはいま記した草鹿龍之介中将だった。彼は比較的幕僚勤務が多く、物を考え計画をたてるとき、ややもすると理屈、理論に傾きがちになるのを自らも警戒していた。そのため、兵学校同期、海上実務のたたき上げで、キスカ撤退作戦を成功させた例のヒゲ提督、木村昌福少将を参謀副長によび、助けを借りようと思いついた。木村少将の長い指揮官勤務にもとづく経験によって、立案する作戦を空論に走らせないよう、実際面からの補強をしてもらおうと考えたのだ。

しかし、昌福少将の海兵卒業成績が芳しくないこと、海大はおろか術科学校高等科学生も出ていないことを理由に、人事局はなんとしても首を縦にふらなかった。草鹿もネバッた。やむを得ず、草鹿参謀長の相談相手をする「連合艦隊司令部付」ということで双方妥協したのだそうである。

木村サンのGF司令部勤務は二〇年五月までだったが、終戦当時には、ここの参謀副長は三人に増えていた。その一人、久安《ひさやす》房吉少将は機関科出身で、それまで艦隊機関長だったのを参謀副長にあらためたのだった。〝副〟がつくとはいうものの、エンジニア・オフィサーが参謀長になれるようになったのは、ようやくこのころだったのである。

艦隊司令長官第一号

司令官——この言葉も悪くはないが、「司令長官」から来るヒビキには、より重みがあり厚みも感じられる。さらに縮めて「長官」。それは、かりに若い士官や下士官が呼びかけに使うにしても、たった二文字のなかに充分親分《ボス》への敬意がこめられ、しかもいいしれぬ親しみのある用語になっていた。

「艦隊ニ司令長官又ハ司令官ヲ置ク」すなわち司令長官とは海軍現場、実施部隊の旗がしらであり、天皇に直接従属するこの上なくエライ高級指揮官だった。

日本海軍に艦隊がつくられたのは、維新早々の明治三年。普仏戦争が起きたとき局外中立を宣言したわが国が、横浜や長崎などの主要港湾警備に二、三隻ずつ艦を集めて編成したのが最初だった。ヒヨッコ海軍だったそのころは司令官、司令長官なぞとおこがましいことはいわず、「艦隊指揮」とよんでいた。

だんだん成長して、中艦隊、常備小艦隊の編制をへて、ようやく明治二二年、艦隊条例を新定し、司令部組織など、制度的にも艦隊らしい艦隊「常備艦隊」を編成することができた。日清戦争のわずか五年前である。そしてこのとき、はじめて「艦隊ニ司令長官ヲ置キ其勢力ニ応シ大将中将若クハ少将ヲ以テ之ニ補ス」ときめられたのだ。

初代司令長官は井上良馨少将。鹿児島の出身で、文久三（一八六三）年の薩英戦争を皮切りに「春日」乗り組みとして箱館戦争、宮古湾海戦を戦った古い〝海の勇士〟である。新政府海軍へは明治四年に海軍大尉として出仕した。

初の国産軍艦「清輝」が竣工したのは明治九年だったが、少佐になっていた井上サンは同艦艦長として一一年、国産艦によるはじめてのヨーロッパ遠航を成功させたことでも有名だ。

当時はフランスあたりでもやっと電灯がともり始めた時代で、「電気灯をつけると目が悪くなる」といわれていたそうだが、このくらい昔むかしの人の話になると、まるでお伽《とぎ》ばなしでも聞くように面白い。

のちの海軍卿、ときの幕府海軍奉行榎本武揚を攻めたてた箱館戦争では、いくさはこんな

であったそうだ。幕軍は港の入口にロープや鋼線を張り、これに搦索《からみづな》を枝づけしたり、所どころに水雷を敷設していた。この防御用の綱は水面下一尋《ひろ》ばかりの深さに横たわり、こいつを切断するのには、ノミやタガネで叩き切るのがいちばんだったという。切ったロープは竹の棒にクルクル巻いて航路を啓開していった。水雷といっても罐ではなく、木製の樽だったから浸水しているお粗末なのもあったらしい。

薩摩の軍艦も、長崎で〝洋人〟から勉強していたので相当に戦闘準備はできていた。邪魔な木材などは、弾丸が命中すると被害を増大するので艦底にしまうとか、不要な物は捨てるとかして艦内を充分クリアーにするよう、教わっていた。

事実、弾丸が艦腹を貫いても別段こわすものがないため、たいした破損はなかった。敵弾が命中したらすぐその孔を修理し、外側の黒い場所は黒く、白いところは白く塗って、損害を受けたとは思われないようにせよとも教えられていた。撃ち合っている最中に、ズックの袋に入れた修理の兵を外舷に吊りおろし、ふさいだのだそうだ。思えば、百年前の海戦はのんきなものであった。

井上良馨は日清戦役後、いま一度、常備艦隊司令長官をやってから大将に昇進し、明治四四年、海軍では三人目の元帥になっている。

急増した艦隊司令長官

現役のリア・アドミラル、さらにバイス・アドミラルへ登る山道の険しかったことはいままでさんざん書いてきた。そんな栄達の兵科将官に用意されていたのが艦隊司令長官の席である。

日清戦争が終わってしばらく後まで、少将司令長官も規定されていたが、じっさいに置かれた様子はないようだ。明治三三年五月の定員令改正で、〝艦隊司令長官は大将もしくは中将の補任〟だけに変わった。

22表は太平洋戦争突入時、昭和一六年一二月八日現在の艦隊司令長官の人名表だ。全部で一四名。どなたにも聞き覚えがあるであろう豪華な顔ぶれと人数だが、戦前、平時にはこんなにたくさんはいなかった。昭和二年度では第一艦隊長官と第二艦隊長官のたった二名。

こんな少数状態がしばらくつづき、昭和七年になって中国警備の第三艦隊ができ、三名になった。日華事変が始まってから増えだし、昭和一三年度四名、一四年度五名、一五年度七名、そして一六年になって一気にふくれ上がったというしだいだ。

太平洋の波が立ち騒ぎはじめ、海軍は一五年一一月一五日、ついに出師準備第一着作業に入ったからである。

明治いらい、連合艦隊は必要に応じて編成するのを建て前としていたので、第一艦隊司令長官がその際、GF長官を兼務することになっていた。しかし昭和八年から、〝常時設置〟と改められたので、以後、「第一艦隊司令長官兼連合艦隊司令長官」は、「連合艦隊司令長官兼第一艦隊司令長官」と呼称するようになった。

だが、どちらの呼び方を使うにせよ、GF長官イコールの一F長官はいつの時代でも、二F長官より先任者だった。同一階級、中将どうしの場合は、たとえば昭和二年度の加藤寛治一F長官は七年目中将、二Fの吉川安平長官は四年目中将だった。昭和六年度の山本英輔一F長官も七年目の、中村良三第二艦隊長官は四年目中将と、つねにかなりの年数差をつけていた。

22表　太平洋戦争開戦時の艦隊司令長官

（先任順）

艦隊名	氏名	海兵卒業期	進級年月日
連合艦隊	山本五十六	32	S.15.11.15（大将）
支那方面艦隊	古賀峯一	34	S.11.12. 1（中将）
第二艦隊	近藤信竹	35	S.12.12. 1（〃）
第一艦隊	高須四郎	35	S.13.11.15（〃）
第三艦隊	高橋伊望	36	S.14.11.15（〃）
第一航空艦隊	南雲忠一	36	S.14.11.15（〃）
第五艦隊	細萱戊子郎	36	S.14.11.15（〃）
第二遣支艦隊	新見政一	36	S.14.11.15（〃）
第一一航空艦隊	塚原二四三	36	S.14.11.15（〃）
第六艦隊	清水光美	36	S.14.11.15（〃）
第四艦隊	井上成美	37	S.14.11.15（〃）
第一遣支艦隊	小松輝久	37	S.15.11.15（〃）
南遣艦隊	小沢治三郎	37	S.15.11.15（〃）
第三遣支艦隊	杉山六蔵	38	S.15.11.15（〃）

ところで22表を見ると、いま言ったように同一人物であるはずのGF長官と一F長官が別になっているのに気づかれよう。これは、昭和一六年八月から両者が分離して山本大将は「長門」に残り、GF全体に号令をかけると同時に第一戦隊だけを直率し、新設された高須一F司令部は第二戦隊の「日向」を旗艦にして、一艦隊のみの指揮にあたることに改められたからだ。

艦隊の数が増したのだから、若い司令長官が多くなったのは当然だった。平時ならやらせてもらえないような二年目、一年目中将が目立つ。ハワイ空襲の南雲一AF長官が就任したときは二年目、敗戦時最後のGF長官となる小沢治三郎南遣艦隊長官も二年目中将である。

戦後、南雲中将の機動部隊の指揮ぶりを評して、「彼でなく、小沢中将にやらせていたらハワイもミッドウェーも違った形になっていたのでは」と、彼自身にたいしてだけでなく、配員人事についてまでも非難の声高く論じられた。

しかし、開戦前はいずこの国の海軍も戦艦陣が主力部隊であった。航空運用にかなりの先見があった日本海軍でも、空母統合艦隊はほんの〝補助部隊〟と考えていた。だからといって、一航艦創設時、まだ一年目の小沢中将に洋上作戦艦隊の指揮をまかすには不安があったであろう。

南雲中将ならば二年目、水雷屋出身のシロートだが、航空屋の参謀長をつけてやればそれで充分と考えたとしても、飛行機があれほどに活躍するとはわからなかったそのころ、ごく当たり前の人事だったのではあるまいか。

艦隊司令長官への道のり

「海軍少佐又ハ大尉ニ枢要職員又ハ高級指揮官ノ素養ニ必要ナル高等ノ兵学其ノ他ノ学術ヲ修習セシムル」のが海軍大学校甲種学生の課程だった。とすれば、艦隊司令長官におさまるようなアドミラルは、みなさんこのコースをおえていたのだろうか。

平時連合艦隊のすべてであった第一艦隊と第二艦隊で、昭和に入ってから長官をつとめたお歴々に並んでいただくと、23表のようになる。ぜんぶで二九名。このうち海大出身でない提督は三人だけだった。

統帥権干犯問題で騒がしかった昭和一ケタのころ、艦隊派の領袖として鳴らした加藤寛治一F長官がそう。自身は海大出ではなかったのに海大校長をつとめ、さらに軍令部長にまで登りつめた。ただし海兵はトップ、一番の卒業だ。

あとは二Fの大谷幸四郎、栗田健男長官の二人が海大に行かなかった。水雷屋の大谷中将は〝運用の大家〟といわれた実務家で、『運用漫談』と名づけたシロートが読んでも面白い含蓄に富んだ著述を残している。この人も海大出でない海大校長サン。栗田中将は、大戦中、〝謎の反転〟によりレイテ湾突入を果たさなかったことで知られている。だが、昭和一七年一〇月、第三戦隊を引き連れてガダルカナル島敵飛行場を砲撃し、〝火の海〟と化す成功をおさめた提督でもあった。

23表　第一艦隊，第二艦隊司令長官

第一艦隊			第二艦隊		
氏名	海兵卒業期	就任時期	氏名	海兵卒業期	就任時期
加藤寛治	18	T.15.12〜S. 3.12	吉川安平	22	T.15.12〜S. 3. 5
谷口尚真	19	S. 3.12〜 4.11	大谷幸四郎	23	S. 3. 5〜 3.12
山本英輔	24	S. 4.11〜 6.12	大角岑夫	24	S. 3.12〜 4.11
小林躋蔵	26	S. 6.12〜 8.11	飯田延太郎	24	S. 4.11〜 5.12
末次信正	27	S. 8.11〜 9.11	中村良三	27	S. 5.12〜 6.12
高橋三吉	29	S. 9.11〜11.12	末次信正	27	S. 6.12〜 8.11
米内光政	29	S.11.12〜12. 2	高橋三吉	29	S. 8.11〜 9.11
永野修身	28	S.12. 2〜12.12	米内光政	29	S. 9.11〜10.12
吉田善吾	32	S.12.12〜14. 8	加藤隆義	31	S.10.12〜11.12
山本五十六	32	S.14. 8〜18. 5	吉田善吾	32	S.11.12〜12.12
古賀峯一	34	S.18. 5〜19. 5	嶋田繁太郎	32	S.12.12〜13.11
豊田副武	33	S.19. 5〜20. 5	豊田副武	33	S.13.11〜14.10
小沢治三郎	37	S.20. 5〜20. 8	古賀峯一	34	S.14.10〜16. 9
			近藤信竹	35	S.16. 9〜18. 9
			栗田健男	38	S.18. 9〜19.12
			伊藤整一	39	S.19.12〜20. 4

両艦隊を通じてみると、海大を出ていない長官は約一〇パーセント。そして日華事変前後から戦争中にかけてたくさんできたとりどりの艦隊でも、ほぼ同様だった。兼務長官もあったので、延べ人数は一〇〇人ほどになるが、テンポー銭組でないのは八名だった。こうしてみると、やはり海大卒業は艦隊長官になるための重要条件だったといえるであろう。

では、艦隊司令長官の栄職をこなすために、その前段として戦隊司令官なり独立艦隊司令官なりのポストをふんでおく必要はあったか。

23表の彼らについて当たりなおしてみると、第一艦隊司令長官は全員、遣外艦隊司令官や練習艦隊司令官あるいは戦隊司令官をすくなくとも一度は経験していた。だが、第二艦隊を眺めてみると、意外にも、四人ばかり海上のシカ未経験者がいるのだ。最高指揮官の座にすわる前には、ぜひ必要な海上指揮官経験と思われるのだが。

しかし、この人たちは艦隊参謀長の職を経ていた。参謀長には長官の意図にもとづいて艦隊運動を指揮する任務があったので、こんなことを含めて司令官職と同等、イコールと見なしていたのかもしれない。吉川安平中将には二Fサチの、嶋田、豊田、近藤長官にはGF・一Fサチの履歴があった。

遣支艦隊や南遣艦隊など洋上決戦とは少々縁遠い艦隊では、特別根拠地隊司令官のような陸上指揮官の経験だけの長官や、なかにはまったくシカの経験のない司令長官もいた。戦時急膨張でやむをえなかったであろうし、またそれでもよかったのかもしれない。陸上航空艦隊司令長官には、当然のことのように連合航空隊シカや陸上航空戦隊シカ経験のみのボスも多かった。

長官は軍楽隊つきの御昼食

司令長官が艦隊司令部の店構えを、派手に誇示できる造作の一つに軍楽隊があった。

軍楽兵は水兵や機関兵などのようにどんな艦艇にも乗り組んでいたわけではなく、海上で

は「艦隊司令部付」として艦隊旗艦にだけ乗っていた。ふつうは、乙編制といわれる三二名から成る軍楽隊。朝夕の軍艦旗掲揚降下のとき、並みいるよその艦では信号兵のラッパで揚げおろしするのに、ここ旗艦ではバンドの君が代演奏で司令長官以下の敬礼のもと、いとも厳重にとり行なったのだ。

しかも、昼ご飯のときは、長官公室に近い上甲板に陣どった軍楽隊員たちによる生奏楽を楽しみながら、長官たちはフルコースの洋食を食べたというのだから豪シャなものだった。連合艦隊司令部で山本五十六長官の従兵長をやっていた、近江兵治郎という上等下士（のち少尉）の回想によると、「長門」でのディナータイムの様子はこんなだったらしい。

まず彼が、後甲板に待機している軍楽隊の指揮者に「長官を迎えに行きます」と声をかけて長官室へ出向く。山本長官がドアを開けて出てくるのと同時に、楽長の指揮棒が振りおろされ、長官が食堂へ廊下を歩いてくる間に行進曲が一曲奏《かな》でられる。

スープが出ると次の曲が始まり、やわらかな曲が演奏される。クラシックが多かったが、ときには「春の海」や「越後獅子」のような邦楽曲を編曲して演奏することもあったそうだ（『秋田海軍戦記』）。

予備役に入ってから九州帝大の総長になった百武源吾大将はなかなか音楽に趣味があり、理解を示す人だった。昭和八年度の練習艦隊を引っぱってアメリカへ行ったのだが、太平洋を渡る途中、副官を通して、「食事中は話し声でせっかくの音楽が充分に聞けないから、演奏は食後、私が上甲板に出てから始めるように」と楽長に言ったそうだ。これは、とかく軽視されがちな軍楽兵たちにとってたいへん張り合いのある言葉であった。

しかし、食うか食われるか血みどろの大戦争が始まると、こういう生バンドつきの昼食は不適当、と考える長官も現われた。南遣艦隊の小沢中将は開戦間もない昭和一七年一月、このしきたりを止めた。「戦線にあって、軍楽隊の演奏を聴きながら食事をするというのはまことに心苦しい。今後は、極力麾下の艦船部隊へ出かけ、将兵の士気の鼓舞、慰安に活躍したほうがよかろう」との意向からだった。

一方、各艦隊のその上に位置するGFでは、ゆるぎない磐石の重みを示す意図からか、発想が異なり、すくなくとも山本司令長官在職中のGFは昼の演奏の慣習をつづけていたようである。昭和一八年四月、ラバウルに将旗を移していた長官が、「武蔵」に帰艦する予定日、戦死を知らない軍楽隊員は昼奏楽の準備をして待っていたという話だ。
小沢、山本、いずれも情の武人として有名な提督。さて読者の皆さん、あなたが司令長官なら中止、継続どちらになさるか。

六F長官は育ちがよい？

第一艦隊にしても第二艦隊にしても、日華事変なかごろまでは戦艦戦隊、巡洋艦戦隊、水雷戦隊、航空戦隊、潜水戦隊をそれぞれ一つか二つずつかかえて艦隊が成り立っていた。したがって、司令長官の出身専門術科もいろとりどりだった。前出の23表では、昭和へ入ってからの一F、二F長官名をかかげてあるが、彼らの若いころのマークを調べてみると、こうなる。

二九人中、谷口尚真大将だけがはっきりしないのだが（少尉時代、砲術練習所学生だったことがある）、あとは砲術一七名、水雷九名、航海二名という割りふりだ。大艦巨砲主義の全盛時代だったので、なるほどという感がする。ことに戦艦が主柱になる第一艦隊では砲術出身が九人いるのに、水雷出身は三人だけ。いっぽう、優速を利しての捜索、夜間襲撃を身上とする第二艦隊は、その半数が水雷屋、航海屋である。

というわけで、艦隊の主務によって長官たちのウデの色彩に多少の偏りがみられるものの、それほど強いちがいはない。一般水上艦隊のボスには、どんなマークの持ち主でもよかった

というわけだ。しかし、太平洋戦争開始一年ほど前からつくられだした、第六艦隊や航空艦隊になると話しは変わってくる。いずれも個性豊かな〝性格派艦隊〟といえる部隊だったからだ。

昭和一五年一一月新編の第六艦隊は〝潜水艦隊〟だ。軽巡洋艦や潜水母艦を旗艦にすえ、あとは潜水艦ばかりの潜水戦隊三コで編成されたクジラ艦隊である。日米戦争が始まれば、遠くアメリカ西海岸やハワイ沖へ出かけて偵察し、出撃してくる米国艦隊に触接しながら襲撃、殲滅作戦を行なう任務をさずけられた特殊艦隊だった。

となれば、いかに艦隊司令長官は、麾下を統括しうる能力をもつ指揮管理者であればよいといっても、〝潜《もぐ》り屋〟の社会にまったくのシロートでは困る。初代長官は平田昇中将だった。伯爵家の生まれで、宮様のお付き武官や昭和天皇の侍従武官にもなった毛なみのよい軍人。水雷出身だが根っからの潜水艦屋ではなく、潜水母艦「迅鯨」あたりからかかわり始めたようだ。潜水学校教頭をつとめ、第一潜水戦隊司令官を経験してからの就任だった。

このあと六F長官は第六代までつづくのだが、どういうわけか、われわれと育ちのちがう人が多かった。三代目の小松輝久中将は北白川宮能久親王の第四子で、臣籍降下した侯爵様である。もともとは畑ちがいの鉄砲屋で、中年から「迅鯨」副長、一潜戦司令官、潜水学校長をまわってきた転職潜水艦屋だ。

六代目、最後の醍醐忠重長官は、名前からして察しがつくように公家出身の侯爵だった。にもかかわらず、人のいやがる潜水艦界に飛びこみ、初期の潜水艇長、艦長、潜水隊司令をつとめあげてきた生え抜きの潜り屋なのだ。四代目高木武雄中将、五代目三輪茂義中将も生粋の潜水艦乗り出身だった。

昭和一六年一月に編成された第一一航空艦隊の場合もそうだ。これは陸上基地航空隊だけを集めて、マスの威力で敵艦隊にぶつかろうという、ユニークな発想にもとづく〝フネなき艦隊〟である。

初代司令長官に任命されたのは片桐英吉中将。鉄砲屋の出であったが、少将になってから第二航空戦隊司令官、霞空司令をつとめたかなり高齢での中途転向組だ。その年九月に航空本部長に栄転すると、あとがまにすわったのが塚原二四三中将だった。のちに井上成美中将といっしょに、終戦すこし前、最後の海軍大将になった人だ。この長官の下で、一一航艦は基地部隊として、緒戦時の航空撃滅戦にはなばなしい戦果をあげたのであった。

若いうちは航海屋をショーバイにしていたのだが、少佐時代の横空付以後、飛行機屋の社会に足を踏み入れた、こちらも転職組である。空母「鳳翔」副長、航本部員、「赤城」艦長、二航戦司令官、一連空司令官と重要ポストを歩んで、新生艦隊のボスにふさわしい閲歴をもってからの着任だった。

戦前の、まだこの時代、生え抜きの飛行機乗りを艦隊長官にすえるには、その世代に適任者がとぼしく、またいても二、三年若かったりしたせいだ。日本海軍に初の航空母艦「鳳翔」ができたとき、三菱のテスパイ・英人ジョルダンはべつにして、着艦成功第一号を飾った吉良俊一大尉が、中将になって第三航空艦隊司令長官になったのは三年後、昭和一九年七月なのである。

〝栄転ポスト〟横鎮長官

艦隊だけでなく、鎮守府のボスも司令長官と称していた。昭和一四年一二月、舞鶴要港部がむかしにかえって鎮守府に再昇格してからは、横須賀、呉、佐世保、舞鶴の四鎮守府になった。ついで、一六年一一月に大湊、鎮海などの要港部が警備府に改められると、これらの司令官も司令長官に格上げされた。

そのほか艦隊の増設もあり、大戦勃発の翌一七年一一月には、海上や内地、外地のあちこちに、無慮、二四本の長官旗としての大将旗、中将旗がひるがえる有様になった。一五年前の昭和二年には、たった五本しかなかったのに。まさに将旗の超インフレだった。

では、後発の警備府司令長官のことは、ここではさておいて、鎮守府司令長官のあれこれを見てみよう。

純粋の軍隊組織である艦隊とは異なって、鎮守府は軍令・軍政の両機能を兼ね備えた機関だった。したがって艦隊同様、参謀長以下の参謀がいて軍令機関を本業としてはいたのだが、じっさいのなかみは、警備戦隊とか防備戦隊など、沿岸、近海で作戦する地味な内戦部隊だった。工廠や病院、軍需部、経理部、港務部、術科学校なんかをかかえた後方策源地、軍政機関としての機能のほうがずっと大きかったのだ。だから、鎮守府には、ふつうの艦隊にはない警備参謀、運輸参謀とか教育参謀とかいう幕僚もおかれていた。

そんなわけで、艦隊長官の場合よりも鎮守府司令長官の出身専門術科は、ずっとそれに拘泥されなかった。例をあげると、24表は昭和期・横須賀鎮守府長官の人名表だが、全二三名中、砲術八名、水雷九名、航海六名といったあんばいであった。ただし、みなさんほとんど海大甲種学生の卒業者だった。この表中、テンポー銭組でないのは安保清種大将と野村吉三郎大将の二人だけだ。

呉と佐世保鎮守府長官の椅子の様子を見ると、両方あわせて三五人になる。このうち砲術出身が一七名、水雷八名、航海七名、不詳が三名。砲術の勢力が横鎮の例より勝っているように見えるが、第一艦隊長官での場合のように圧倒的、とはいえなかろう。不詳というのは、海兵二五期あたりより古い士官になると、専門がモコとしてよく分からないことが多いからなのである。

また、この三五人のなかに、海大を出ていないアドミラルが三人いた。横鎮長官をくるめて通算すると、結局、九一パーセントがテンポー銭をぶら下げた司令長官であった。艦隊、鎮守府、いずれにせよトップの座につくのには、「高級指揮官ノ素養ニ必要ナル高等ノ兵学……」を修めておくことが、絶対ではないにしても重要条件だったようだ。

24表　昭和期の横須賀鎮守府司令長官

着任時の階級	氏名	期間	注
大将	岡田啓介	T.15.12〜S. 2. 4	
〃	安保清種	S. 2. 4〜S. 3. 5	
中将	吉川安平	S. 3. 5〜S. 3.12	
〃	山本英輔	S. 3.12〜S. 4.11	のち大将
〃	大角岑生	S. 4.11〜S. 6.12	〃
〃	野村吉三郎	S. 6.12〜S. 7. 2	
大将	山本英輔	S. 7. 2〜S. 7.10	
中将	野村吉三郎	S. 7.10〜S. 8.11	のち大将
〃	永野修身	S. 8.11〜S. 9.11	〃
大将	末次信正	S. 9.11〜S.10.12	
中将	米内光政	S.10.12〜S.11.12	のち大将
〃	百武源吾	S.11.12〜S.13. 4	〃
〃	長谷川清	S.13. 4〜S.15. 5	〃
大将	及川古志郎	S.15. 5〜S.15. 9	
〃	塩沢幸一	S.15. 9〜S.16. 9	
〃	嶋田繁太郎	S.16. 9〜S.16.10	
中将	平田　昇	S.16.10〜S.17.11	
大将	古賀峯一	S.17.11〜S.18. 5	
〃	豊田副武	S.18. 5〜S.19. 5	
〃	吉田善吾	S.19. 5〜S.19. 8	
〃	野村直邦	S.19. 8〜S.19. 9	
中将	塚原二四三	S.19. 9〜S.20. 5	のち大将
〃	戸塚道太郎	S.20. 5〜S.20.11	

「横須賀鎮守府司令長官は、ちかい将来、連合艦隊司令長官や海軍大臣になる人がいくところだった」と何かに書かれていたのを読んだことがある。ならば、このへんの実情はどうだったか。

24表中、なるほどGF長官になった提督は五人、大臣になった人七人が数えられる。いっぽう呉鎮長官からはGF二人、大臣二人。また佐鎮からはGF長官(米内大将)を一人出しただけで、大臣へのコースにはなっていなかった。それも米内サンはのちに横鎮へ行ってからのGF長官へであり、呉鎮からの豊田副武GF長官、嶋田繁太郎大臣、野村直邦大臣も横須賀長官経由の転出だった。

となると、同じ鎮守府司令長官といっても、横鎮長官はタダモノではないといえるだろう。しかも、定員令によれば、鎮長官へは大将もしくは中将の補任と定められていたが、佐鎮へは全員中将だった。なのに、横鎮へは着任時すでに大将になっていた人が一一人もいたのだ。呉鎮長官の場合は三人。

こんなデータから推すと、昭和期鎮守府のランクづけは横須賀、呉、佐世保の順になる。そのうえ横須賀へは、岡田啓介、末次信正大将がGF長官を経験してから着任している。さらに吉田善吾大将なんかは、GF長官、海相、支那方面艦隊長官、軍事参議官とあらゆる栄職を卒業してからの就任だった。横鎮長官、ますますタダモノではなかった。

戦死しても大将になれず

「旗艦先頭」「指揮官陣頭指揮」が海軍の特質といわれたが、太平洋戦争では八名の艦隊司令長官の戦死があいついだ。それも二人の海軍大将をふくんでだ。日清戦争でも日露戦争でもこんなことはなかったし、人数の多い陸軍でさえ大将の戦死はなかった。

GF長官山本五十六大将、同じく古賀峯一大将の戦死、殉職の報せには、われわれ少年も

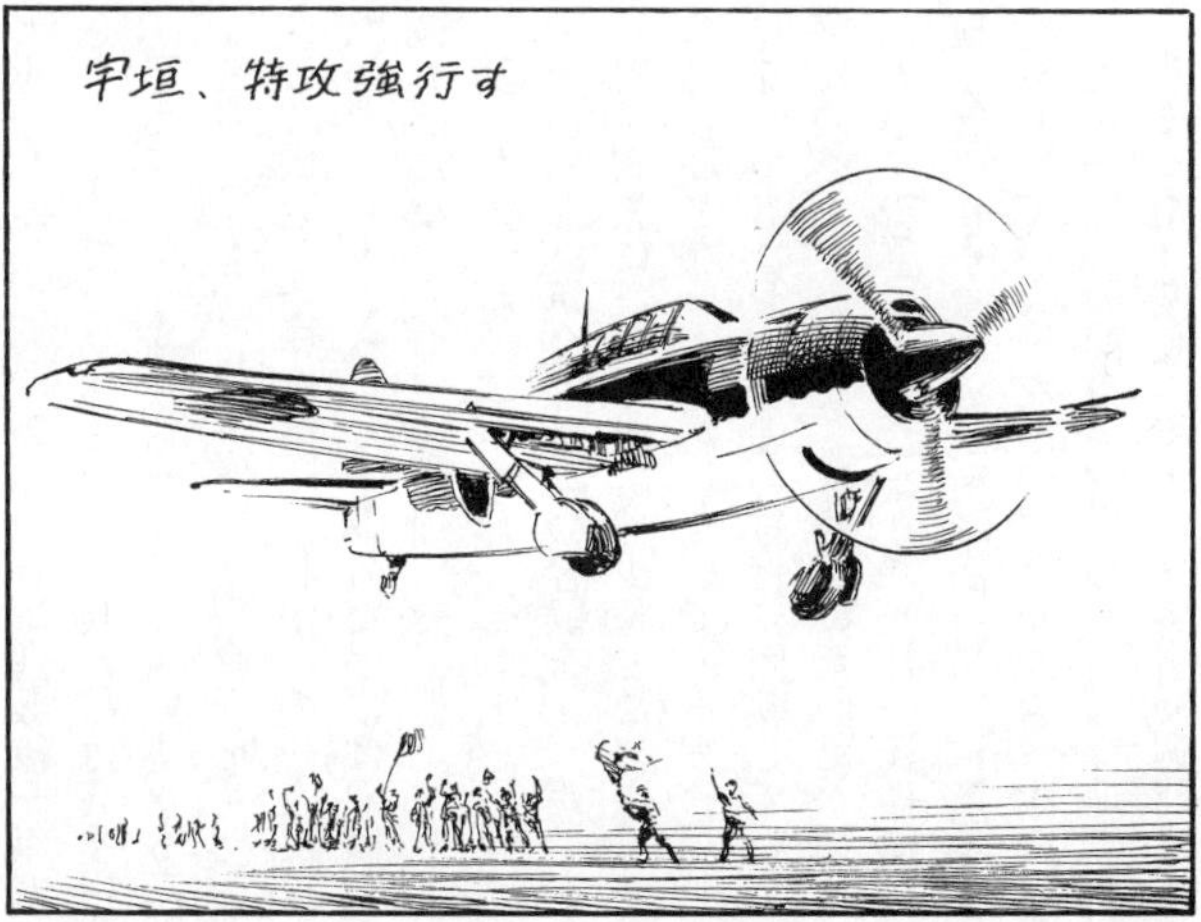

異常なショックを受けたことを覚えている。

昭和一九年五月には、遠藤喜一中将がニューギニア防衛の新編第九艦隊司令長官としてホーランジアで戦死し、その後、大将に進級。それからふた月後の七月、サイパン島攻防戦では南雲忠一中部太平洋方面艦隊長官、高木武雄第六艦隊長官が、八月には角田覚治第一航空艦隊長官がテニアン島でと、たてつづけに戦死。これも異常事件であった。

南雲サンと高木サンは海軍大将に進級したが、なぜか角田中将は大将になれなかった。

当時、このような場合、大将への進級資格として「中将の停年おおむね二年半を有し、かつ親補職にあった者」という基本条件を海軍省はもっていたようだ。だとすると南雲サンは五年目中将で問題なし。高木サンは二年二ヵ月の経過だったが、二年をこえていることでもあり、とくに進級奏請がなされたものと思われる。だが、角田中将は進級後一年九ヵ月しかたっていなかったので、残念ながら見送られたのではあるまいか。兵学校は高木中将と同期の桜だったのに、無念。

昭和二〇年、終戦ちかくになってまたも二人の艦隊司令長官が戦死する。

四月、「大和」以下の第二艦隊をひきいて沖縄に突入するため進撃途中、米軍機の空襲で沈没、戦死した伊藤整一中将がその一人だ。水雷屋出身で、海大は二番卒業の恩賜の軍刀組だった。こういうエリートのなかには、はやくから術科色を消したコースを歩む人が多い。彼もそんな一人で、参謀畑、陸に上がっては海軍省で人事局の局員、課長、局長と人事行政に長くたずさわっていた。

そのあと、軍令部勤務の経験をまったくもたず、GFサチを経て軍令部次長に抜擢されたのだ。昭和になってから、少将でこの職についたのは伊藤サンだけだったのだから〝俊秀〟の名に恥じない人物だったのであろう。だがやはり保守派であったらしく、昭和一九年後半になってもなお、戦艦の維持に固執していたといわれる。超大戦艦に座乗し、艦隊最後の出撃にのぞんでいかなる感懐をいだいたか。戦死後、大将に進級。

太平洋戦争のどんづまり、八月一五日になって特攻戦死したのが、よく知られている第五航空艦隊司令長官の宇垣纒中将だ。この提督の人物が語られるさい、とかく〝傲岸〟とか〝きわめて尊大〟なぞの言葉がつきやすい。だが、こんなことがあった。

大正一二年の関東大震災のとき、築地にあった東京軍楽隊の隊員たちも兵舎を焼け出されてしまった。楽長の指示で、各自一週間ほど適当な寝ぐらをもとめることになった。やむをえず、某君たち三、四名はあてもないのに郊外の方へ歩き出したそうだ。すると一人の海軍大尉に出あった。「どこへ行くのか」。事情を話すと「それなら俺の家へこい」と大尉氏が言ってくれたという。この人が宇垣纒だった。

地獄にほとけ、いく日かをご厄介になった。奥様にも親切にしていただき、彼ら軍楽下士官たちはこのことに非常に感謝し、感激して回顧している。〝黄金仮面〟とかいわれた宇垣サンには、こういう一面もあったのだ。

宇垣中将は、戦死後、大将に進級していない。すでに三年目中将、奏請される資格は充分にあった。しかし、人事当局のメモによると、積極的攻撃中止の命令発令後に出撃を決行したこと、単機突入せず数機を引率して飛んでいったことが、大臣とGF長官の意向にそわなかったからだとされている。

ともあれ、八人におよぶ艦隊司令長官の戦死を出す激烈な戦闘のすえ、海軍は矛をおさめた。その彼らの討ち死にの場所が、飛行機上三名、陸上が四名、海上はたった一人というのも、近代海軍の戦争のやり方が変化したことを示す、戦前には予想できない事実だった。

海軍高等文官

ここで、話の目先をチョッと変えよう。

陸軍ももちろんそうだったが、海軍は一面から見れば官庁すなわちお役所である。士官、特務士官は高等官の官吏であり、准士官、下士官は判任官のお役人でもあった。だから、軍本来の目的――チャンバラをやる艦船や部隊はべつとして、ほかの機関にはたくさんの軍属がいた。

軍人にあらざる海軍サン、シビリアンである。そのなかには高等官の文官、判任官の文官もいたが、高等文官中、勅任官一等、二等のおエラ方を、今回ここでは主な題材にしよう。筆者の勝手な造語だが、称して「文官アドミラル」。なぜなら彼らは、武官でいえば海軍中将、少将に匹敵したからだ。

そのまえに、しからば海軍文官とはなにか。

「海軍大臣は文官だった」というと、けげんな顔をなさる読者が、あるいはおられるかもしれない。たしかに、明治一九年以降、陸海軍大臣は武官であることにきめられた。だが、いったん海軍は明治三三年に、陸軍は二四年に武官制をやめたこともあった。

しかし、じっさいには以後も軍人が就任しなかったことはなく、三三年に、こんどは陸海軍とも大臣を現役の大将、中将だけと限定してしまった。

大正二年に、一時、予備役もしくは退役の大中将でもよいと幅を広くしたが、昭和一一年にふたたび現役制を復活している。したがって、「卿」時代はともかく、陸海軍大臣はつねにジェネラル、アドミラルのポストだったが、じつは彼らは武官でありながら文官でもあったのだ。

それは、ネービーについていえば、「海軍軍政ヲ管理シ海軍軍人軍属ヲ統督」する海軍大臣は、内閣につらなる一員として国のまつりごとを執る、親任官を以て任じられる国務大臣でもあったからだ。そして同時に、「大臣ヲ佐ケ省務ヲ整理シ各局部ノ事務ヲ監督」する海軍次官も現役中少将でありながら、勅任文官の身分をもあわせもっていた。

ただし、「政治ニカカワラズ」と勅諭でさとされた現役海軍軍人で、政治にカカワルのはこの二人まで。帝国議会と海軍の間にたって、主に政策上の交渉ごとにあたる政務次官と参与官は、部外からの、いうなれば〝お雇い文官〟である。内閣に変動があれば、それと行動をともにするのが常例だった。

というわけで「海軍文官」とは、ここでは以上の四人を除いて、みずからの意志で海軍の勤務に従事する武官いがいの官吏、と解釈しよう。軍隊の統率に関係しないのが文官、といえないこともないが、この定義だと、すこし境界のあいまいなところもでてくる。ま、一応それはこのへんでおくが、広い海軍のこと、文官にはいくつもの種類があった。

太平洋戦争前、昭和一四年当時でいうと、25表にかかげたように、高等文官には書記官、法務官、司法事務官、教授、技師、通訳官、編修、

25表　海軍高等文官の官名官等

官　名	官　等
大　　臣	親任官
政務次官	高等官　1等～2等
次　　官	〃　　〃
参 与 官	〃　　2等
書 記 官	〃　　3等～7等
法 務 官	〃　　1等～7等
司法事務官	〃　　2等～7等
教　　授	〃　　〃
技　　師	〃　　〃
通 訳 官	〃　　4等～8等
編　　修	〃　　〃
事 務 官	〃　　〃
理 事 官	〃　　〃
監 獄 長	〃　　〃

事務官、理事官それから監獄長の一〇種類があった。おおかた読んで字のごとしの内容を表わす官名だったが、海軍司法にあずかる法務官は、軍法会議で裁判官や検察官の職につくのが本務である。

その法務官による、そんな司法本来の業務の補助輪になるのが司法事務官だった。おもな仕事は、法務局で関係分野の人事をあつかったり、法の改正、海軍刑務所や軍法会議の事務の指導、法務教育や法律についての諮問に答えたりするのが役目だった。

もう一つ、分かるようでわかりにくいのが「編修」ではないだろうか。むかし、中国で、国史の編纂に従った官吏にこの職名をつけたのだそうだが、日本海軍では明治二三年に編修官をおいた。戦史を編んだり、外国政治史や水路図誌をつくったりするのが業務だった。したがって彼の配置先は軍令部と水路部だけだ。

戦前も昭和のはじめ、軍艦やその他の艦艇の名前について由来やらを流麗な筆致で『日本海軍艦船名考』という本を著わし、海軍ファンの心を楽しませてくれた人がいた。この人は、名前をご存知の読者もおられるかもしれないが、浅井将秀という「海軍編修」氏である。

中将待遇の文官アドミラル

オフィサーのなかでも、将官にランクされる人は数すくなかったが、勅任文官になるところはホントに少ない。26表を見ていただけばわかる。戦争前はだいたい片手で間に合うくらい。太平洋戦争が始まってからでも、両手の指に何本かたせば勘定ができた。

　いうまでもなく、陸軍も海軍も軍人が主体の社会だ。昭和六年度、海軍の現役士官・特務士官の合計数は六〇四五名、一〇年度で六七〇四名、一四年度は応召者も含めて一万五八七名だった。

26表　海軍高等文官の人数（大臣，政務次官，次官，参与官を除く）

年度	法務官〈司法事務官を含む〉		教　授		技　師		その他		合計
	勅任	奏任	勅任	奏任	勅任	奏任	勅任	奏任	
S. 6	22		50		180		5		257
	2	20	1	49	2	178	0	5	
S.10	24		64		268		10		366
	2	22	2	62	2	266	0	10	
S.14	30		71		570		13		684
	(2)	(28)	(2)	(69)	(2)	(568)	0	13	
S.18			252		1308		89		1649
			4	248	12	1296	0	89	

注：(　)内は推定数

　そこで、各年度の高等官のなかに占める文官の割合をみてみると、それぞれこうなる。四パーセント、五パーセント、六パーセント。大戦中の昭和一八年でも、高等武官数が約四万一〇〇〇名だったので、高等文官比率は三・九パーセントほどだった。

　とすると、「人数はすくないし、それでなくとも威張り屋の多い軍隊社会では、文官は昇進、昇給なんかでワリをくったのではないか」と、心配にならないでもない。昭和一ケタ時代、現役将官の高等武官中に占める割合いは、二年の一・八パーセントから一〇年の二・三パーセントまで小きざみに増えつづけていったが、全体的に見ればおよそ二パーセント前後の比率をたもっていた。

　では、シビリアン・アドミラルの比率はどうか。

26表からはじき出すと、教授が二・二パーセント、技師が〇・九パーセント、法務が八・五パーセントとなり、すくなくとも海軍に関するかぎり、文官に冷や飯を食わせたなんぞということはなかったようである。

むしろ、法務官は武官よりもはるかに高昇進率を示していた。軍紀は軍隊の命脈、その維持のための枢要ポジションにすわるのが法務官だったから、彼らの採用にはすこぶるつきの精選主義をとっていた。

毎年一人か二人、それも採らない年もあり、多くは東京帝大法学部かそれでなかったら京都帝大出身で、司法官試補の資格をもっている青年を採用して、育てあげていた。

それに、そのころ最高の司法裁判所だった大審院長たる判事、検事総長たる検事は親任官だった。それにはおよばないまでも、海軍法務官にも、海軍司法の権威の上からいって、充分な優遇策を構じる必要があったのだ。したがって、他の高等文官にはない高等官一等の最高ランクが用意されてもいたのである。

法務官にひきかえ、技師の文官アドミラルへの昇進率は一見低いかに見える。だが、彼らのなかには海軍自体が工廠の技手養成所で教育養成したり、あるいは高等工業学校（旧制）卒業で、技手から累進した技師がおおぜいいた。

こういう人々は大学出身者にくらべて技師としての出発が遅れるため、どうしても勅任官へは手の届きかねることが多かった。なれなかったわけではないが、このため、全般的には見かけ上の勅任技師昇進率が下がってしまったのだ。大学出に限定していえば悪くはなかったはずだ。

書記官好遇

もう一度25表を見ると、書記官以下の文官でシビリアン・アドミラルになれる官は、法務官、司法事務官、教授、技師の四種しかない。ほかはいずれも奏任どまりで、監獄長の補職先は横須賀海軍刑務所とか呉刑務所などの所長。武官でいうと特務士官的なコースだった。四等までのぼりつめた例はなく、五等か六等での退官が多かったようだ。さきほどの浅井将秀編修は最高官等の四等まで昇進した立身者だ。

書記官だけは三等官まであったが、この分野は代々、専従者は海軍省の大臣官房に一人しかいない、官立大学出のレッキとしたエリート配置だった。どんな仕事をしたかは後で書くことにするが、唯一の配置というので、なかなか大事にされたらしい。昭和五年に入省し、間もなく書記官の身分のまま英国へ留学、帰国してからもずっと終戦まで、その椅子にすわりっぱなしだった杉田主馬《かずま》書記官がそうだ。

どのように大切にされたか、それもまわりにいる少佐、中佐クラスの局員から、「この野郎、若僧のくせに」とネタまれるほどの好遇ぶりだったことが、阿川弘之氏の『海軍こぼれ話』の中に、描かれている。興味のある向きは、そちらもご覧いただくと、海軍省書記官がどんなポジションだったか輪郭の見当がつく。

しかし、そんな、ただ一人優遇して仕事をさせる書記官を、スマートで話のわかる海軍が、高等官三等、すなわち大佐相当官でストップさせてしまうわけがない。そこで「兼海軍教授」の肩がきをつけておき、時機をみてこちらを本務にすれば問題なく勅任官に昇ることができたし、じっさいそうしていたようだ。

ところで、太平洋戦争が始まってから間もなく、書記官以下の文官の種類が減ってしまった。まず昭和一七年四月一日、法務科士官制度の新設で従来の法務官、司法事務官が全員武官に転官することになり、この官種がなくなったからだ。そして、事務官と理事官が統合され、理事官一本になってしまった。

昭和九年に設けられた理事官も、「上官ノ命ヲ承ケ事務ヲ掌ル」のが仕事だから、さして事務官と名称区別しておく必要がなかったからであろう。

法務関係文官は、廃止による全員武官転官だったが、技師のなかからも一部、技術科士官に転じた文官があった。これにはいくつか理由があったが、なによりも、高等武官になれば「海軍将校分限令」が適用されて身分が保障された。

海軍当局側からいえば、技術者に落ちついて業務に専念させうる利点があったのだ。とくに若い技師にとっては陸軍へ召集される心配がなくなり、仕事に打ちこむことができた。

まあ、勅任クラスになると、そういう意味での懸念はなかったが、施設系では戦争になってから初めて技術武官制がつくられた。となれば将官も必要であり、急遽、勅任技師から転官者を出したのであろう、昭和一七年一一月、海軍〝土建〟技術少将が二人誕生した。

勅任教授最後のご奉公

シビリアン・アドミラルだの勅任文官だのと書きたててみたが、一般的知名度となると、やはり海上を走りまわり、飛行機を飛ばす本チャンの提督よりだいぶ下がるようだ。しかし、そんななかで、昭和海軍にはかなり著名な榎本重治という海軍教授がいた。兼ねて書記官でもあったが、海軍大学教官としての「教授」が本職の肩がきになる前は、さきほど書いた杉田主馬サンの前任書記官が本業だった。

山本五十六元帥と非常に仲がよかった人、というと「あァ、そうか」と気のつく読者もおられよう。元帥が佐官のころは、堀悌吉中将、古賀峯一大将らと四人で上野公園を歩き回り、掛茶屋で甘酒を飲んだものだと、ご本人が懐かしく回想している。日華事変が勃発してから、榎本教授は『戦時国際法規』とか『軍艦外務令解説』を出版したが、いずれも山本海軍次官の指示による労作で、表題は、次官がみずから達筆をふるった立派な墨痕でかざられていた。

海軍書記官の職務は、「大臣官房ニ在リテ文案ノ審査ニ任ス」ることであり、また「大臣及次官ノ諮問ニ応シ且意見ヲ具申スルコトヲ得」との条項もつけ加えられていた。

杉田書記官もそうだったが、榎本サンは東大法学部の出身、そして当時のいわゆる〝高文〟、官界での出世には必須条件とされた文官高等試験の合格者でもあった。であれば、彼ら書記官が海軍省でどんな文案の審査に従事し、どんな諮問に答えていたか、だいたい察しがつこう。

榎本書記官は大正一〇年の軍縮会議に随員として参加し、昭和九年のロンドン軍縮予備交渉には山本五十六少将に随行している。三国同盟問題が起きたときも、中央部にあて、自身の考えにもとづき強い反対意見を数回提出した。なぜならば、彼は当時すでに、「教授一等」の最高文官アドミラルになっていたからだ。

「あれ？　教授の最高は高等官二等ではなかったのか」と疑問をていされる方もおられよう。だが「高等官二等ヲ最高官等トスル勅任文官ニシテ三年以上高等官二等ニ在職シ功績顕著ナル者ハ特ニ高等官一等ニ陞叙スルコトヲ得」という規定がおかれていた。榎本教授は〝特段ニ功績顕著〟だったのである。

国際法にきわめて明るい彼の海軍最後の大仕事は、海軍大臣に「ポツダム宣言受諾は日本の国体の変更にならない」理由を進言、受諾を勧めたことだった。ついに閣議は宣言受諾を決定したが、米内大臣は帰庁後、榎本サンに、「君が書いてくれたメモをみなの前で読みあげたよ」と、わざわざ伝えたという。

少なくて多かった技術科将官

太平洋戦争が始まって一年たった昭和一七年一一月に識別線の色が「エビ茶」の「技術科」がつくられたのだが、それまではトビ色の造船科、造機科、エビ茶の造兵科の三科に技術士官グループは分かれていた。

むかしから、大学を出たばかりの青年をいきなり造船中尉や造機中尉、造兵中尉に任官させて初任教育を行なうとき、〝技術士官講習〟などと称していたし、技術官とか技術学生とかの言葉も明治のころからあった。だから、ひっくるめて技術科とよぶことに改めてもべつに不思議はなかった。だが、なぜ統合にあたって識別線の色を首位科の造船・トビ色にしないでエビ茶に統一したのだろうか。

あの大戦争開戦直前の昭和一六年一〇月一日当時では、造船科士官は一七六名、造機科が二八四名、造兵科の士官は九七四名がいた。造船・造機あわせても造兵の半分以下だ。とすると、とるに足らない識別マークを統合するのに「トビ色に直すのでは倍以上の手間がかかる。戦時下、諸事ムダをはぶこう。それに、何でもかんでも造船にならうこともあるまい」そんなところから、造兵のエビ茶にしたのではあるまいか。もちろん、これは筆者の〝ケ

27表　平時の将校相当官の人数

階級	軍医科		主計科		造船科		造機科		造兵科	
	S.6年	S.11年	S.6年	S.11年	S.6年	S.11年	S.6年	S.11年	S.6年	S.11年
中将	1	1	2	2	2	1	1	0	0	1
少将	5	8	5	8	4	6	1	2	3	5
大佐	30	36	25	37	11	8	3	3	12	19
中佐	54	62	52	76	8	13	3	10	23	41
少佐	81	101	96	112	14	22	12	13	50	43
大尉	127	207	145	118	26	17	14	9	47	31
中尉	108	102	47	44	6	14	10	8	26	28
少尉	104	73	34	15	0	0	0	0	0	0

チ〃な考えにもとづく推量である。

ま、それはともかく、当時、三科合して一四〇〇人を超える人数になっていたが、平時はもっとすくない数だった。27表を見ていただきたい。昭和六年と一一年の、同様に人数の多くはない将校相当官グループ軍医科、主計科とならべたものだが、技術の各科は一段とすくなかった。そして、将官の人数ともなれば、兵科の場合、一〇〇人かそれを上回っていたが、コンストラクター・アドミラルたちは中将も少将も片手の指で間にあっている。

ついでに書いておくと、アチラ語では造船科がコンストラクター・ブランチ、造機科はエンジン・コンストラクター・ブランチ、造兵科はオーダンス（Ordance）・ブランチだったが、日本海軍ではまとめて「コンストラクター」として総括し、欧文電報を打つときは、彼らのハンモック・ナンバーの上に〃C〃をつけて他科士官と区別していた。

ところでどうだろう。技術科アドミラルは各科での絶対数こそすくないが、27表を将官、佐官、尉官とタテに眺めてみると、それはけっしてチッポケな数とはいえない。

昭和六年、兵科・機関科合計の士官数のなかに占める将官の割合いは二・五パーセント、一一年では三・一パーセント、平均すれば二・八パーセントだった。なのに、技術グループ平均は六年で四・〇パーセント、一一年、五・一パーセントとグンと高率なのだ。軍医科の場合は、同じ各年、一・二パーセント、一・五パーセント、主計科将官は一・七パーセント、二・四パーセントで、いずれも技術系より低い将官保有率にとどまっている。

これは驚いた。海軍士官になっただれしもが望んだであろう「ベタ金階層」への昇進率に、なぜ、科によってこんなに差ができたのか。

それは、海軍が、陸軍のように軍人の頭かずで成り立つ軍隊ではなく、軍艦や登載する兵器とか飛行機などの質・量に強く左右される技術集団であったことが、根本に横たわっていると考えられる。

進級率抜群の造船士官

であれば、そんな基盤の重要な担い手、技術士官はぜひ優遇する必要があったろう。ならばどんなふうに優遇されたか、もうすこしたち入ってみることにする。日清戦争が終わってしばらくたった明治三二年に中技士に任官したグループから、大正八年任官組までの、彼らの進級状況を調べると28表のようなぐあいだった。なお、この大正八年までは、造船大尉とか造兵中尉なぞといわず、造船大技士、造兵中技士というような呼び方をしていたのだ。

28表　技術各科の将官進級数，進級率

科	総員数	大佐以下	少　将	中　将
造　船	64	21 ((33))	25 ((39))	18 ((28))
造　機	27	11 ((41))	12 ((44))	4 ((15))
造　兵	92	47 ((51))	27 ((29))	18 ((20))
各科合計	183	79 ((43))	64 ((35))	40 ((22))

注：((　))内は総員数にたいする比率，パーセント

29表　年度別技術各科の将官数

年度	造船		造機		造兵		施設	
	少将	中将	少将	中将	少将	中将	少将	中将
S. 6	4	2	1	1	3	0	——	——
S. 8	4	1	0	1	3	0	——	——
S.10	4	1	1	0	4	2	——	——
S.13	3	2	0	1	3	2	——	——
S.17	6	3	2	0	13	1	2	0
S.19	7	3	4	0	21	4	5	0

斬新な設計で有名な平賀譲造船中将は明治三四年任官組、「大和」「武蔵」の基本計画を手がけた福田啓二技術中将は大正三年の造船中技士である。大正二年組より以前の士官は、太平洋戦争緒戦時、すべて予備役に入っており、終戦までには、三年以後の組で将官に進みうる人はみな昇進し、なかには現役を退いているオフィサーもある状況だった。

各科を平均すると、全一八三名中、五七パーセントがアドミラルになっているのだ。これは高い値だ。

この彼らと重なりあう明治三六年から四五年の間に、海兵を卒業した兵科将校は一七一〇人いた。うち、ベタ金昇進には断然有利、といわれた海軍大学へさらに進んだ士官は二五〇

名だったが、その七八パーセント、一九四名が将官に進級している。一方、海大のキャリアをふまなかった将校でアドミラルになれたのは一八四名、わずか一一パーセントだった。したがって、技術士官グループの将官進級度合いは、海大へ行った者、行かなかった者の中間よりやや良い程度といえるだろう。

　そして、このように好遇された彼らには、好遇されるにふさわしい人材が集められていたのだ。27表、28表の技術士官たちの海軍へ採用された時代は「帝国大学ニ於テ海軍高等武官タルニ必要ナル学術ヲ修メ卒業シタル者」が条件だった。いまから八、九〇年前の二〇世紀はじめの頃、東京、京都を筆頭とする帝国大学の看板の権威は絶大なものがあったようだ。

　世の中が変わったはずの現在でも、ことに東大崇拝熱は相当に強いが、当時の東京帝大卒業生の未来展望は群を抜いていた。その彼らが技術官ソースのあらかたを占めたのだから、海軍としても粗末には扱えなかったであろう。半分おだての言葉だろうが、中技士に任官したとき上司から、「よくぞ、海軍に来てくれた」と言われた人もいるくらいなのだ。

このあとも、日華事変初期までは彼らは官立大学出身者だけで固めていた。とりわけ造船士官は、大正一三年に九州帝大造船科から入ってくるまでは、船舶工学科が東京帝大にしかなかったので、全員が赤門出ばかりという有様だった。それかあらぬか、28表をもう一度見なおすと、コンストラクター・ブランチの将官進級率がひときわ高くなっているのがわかろう。少将、中将合計六七パーセントは、海大甲種学生卒業者のアドミラル進級率に接近している数値なのだ。

しかしながら、太平洋戦争が起きてからは29表に示したように、それまで片手の指でたりていた技術各科の将官数も、両手でも間にあわないほどに増えたのである。

技術士官は欧米派遣

戦後、すでに半世紀がたった平成の今日、アメリカやヨーロッパに留学したり、サラリーマンが自社の海外事務所や支社などに駐在するのはさして珍しくない。だが、明治、大正のむかし、汽船で数週間もかかって欧米に出かけ、勉強したり勤務するのはエリート中のエリートにあたえられた特権だった。

30表　艦本造船部の歴代計画主任

氏名	駐在期間	駐在時階級	最終階級	駐在国
浅岡満俊	M.18. 8～M.24. 3	造船少技士	造船中将	イギリス
山本開蔵	M.31.10～M.35.11	〃 大技士	〃 〃	〃
平賀　譲	M.38. 1～M.41.12	〃 大技士	〃 〃	〃
玉沢　煥	T. 5. 5～T. 8. 1	〃 中　監	〃 〃	〃
穂積律之助	M.44.11～T. 3.12	〃 大技士	〃 少将	フランス
藤本喜久雄	T. 6. 2～T.10. 1	〃 少　監	〃 〃	イギリス
福田啓二	T. 9. 4～T.12.11	〃 少　佐	技術中将	〃
江崎岩吉	T.12. 4～T.15. 9	〃 〃	〃 〃	〃
片山有樹	S. 2. 6～S. 3. 8	〃 〃	〃 少将	ドイツ

かつての海軍技術官は、そんな特権階級社会に住んでいたようだ。すくなくとも将官に昇った人は佐官、尉官の時代に、そういったコースを歩んだ経験をもっているらしい。28表にもどって、中将、少将一〇四人の経歴をさぐってみると、確認できなかったわずか七人をのぞいて、みなさん、留学とか造船監督官あるいは造兵監督官などでアチラ暮らしをしたことがあるのだ。それだけでなく、ベタ金になれなかった士官のなかにも、在外経験者がたくさんいる。ということは、いま言った筆者未確認の将官七人も、こういう状況からして、おそらく西洋館住まいをしたことがあるのではないか、と推察される。

技術士官には、海軍へ入ってからの再教育機関がなかったので、必然的に先進国へ送り出すことにもなった。彼らが学んだ欧米の大学は、イギリスでは、たとえばグラスゴー大学、グリニッジ海軍大学、アメリカではM・I・Tと略称されるマサチューセッツ工科大学、ドイツのドレスデン大学、ベルリン大学、それからフランスの国立造船大学あたりが代表的なものとしてあげられよう。

そのうちでも、明治から大正にかけての彼らの時代は、イギリスへ駐在した士官が圧倒的に多かった。七一名。ほかに英・米、英・独あるいは英・仏と二国をまたにかけて行った人が一〇人ばかりいるから、英国行き経験者はもっと増える。草創期、海軍そのものがイギリスに範をとったし、明治三五年から大正一〇年までは日英同盟が結ばれていたので、この影響も大きかったであろう。

軍令部から出される要求をまず目の前に据え、それに艦政本部の砲熕、水雷、造機などの専門各部から提出される資料をかみあわせて、一つの軍艦にまとめあげるのが、艦本造船部における〝基本計画〟だ。そのリーダーとなる、かなめの計画主任の歴代を表にしてみると、30表のようになる。日露戦争が終わり、明治四〇年ごろ以降の主任だ。

やはり九名中七名、ほとんどがイギリス行きなのだ。はっきり「留学」とうたって渡った士官が多いのだが、監督官の身分でも、もっぱらあちらの大学で修業にいそしむ場合もあった。そのへんの境目はいくぶん漠としたところもあるようだ。日本の海大とちがい、グリニッジにあった海軍大学には造船科が設けられていたので、九名中、平賀譲、藤本喜久雄、福田啓二、江崎岩吉の四人が、ここロイヤル・ネーバル・カレッジ（R・N・C）で勉強した。

　ほかにもR・N・Cの卒業生はおり、野中季雄造船中将、磯崎清吉造船中将、河合定二造船大佐、田路坦造船少佐がそうだ。帰国後は、どなたも計画・設計の畑で働いたが、その草分け、大先達は近藤基樹造船中将だった。

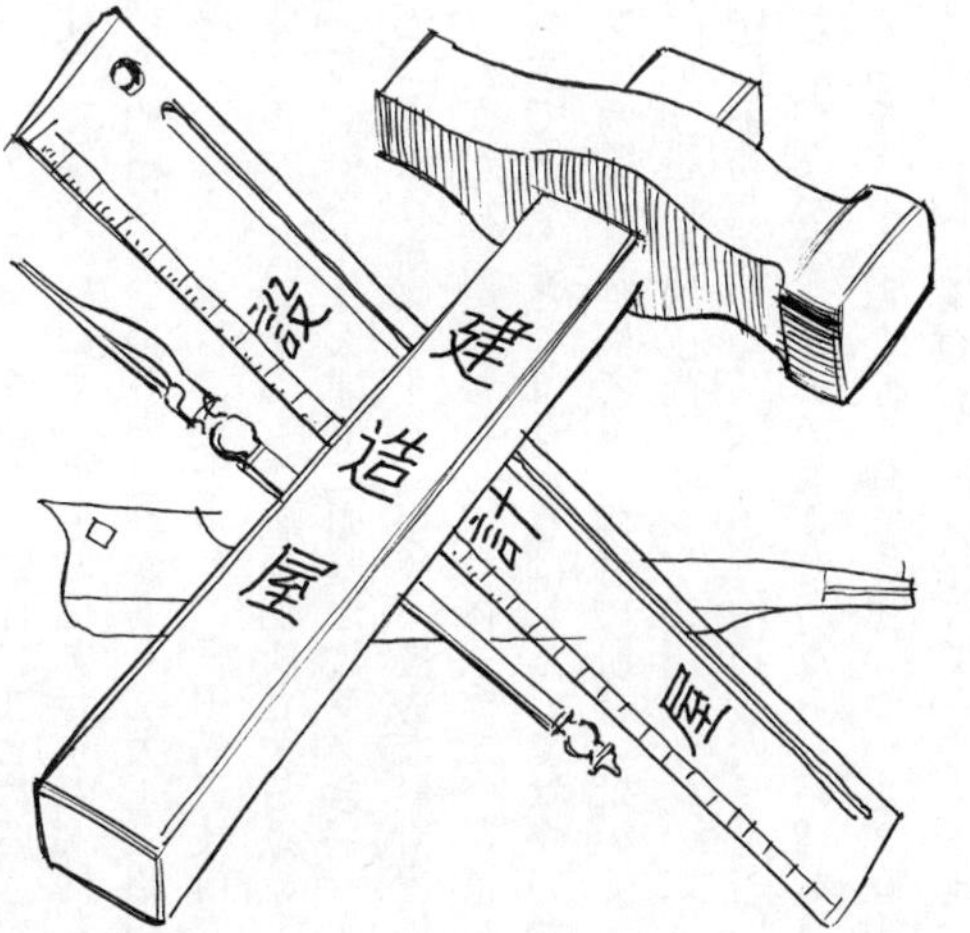

　東大工学部の前身、工部大学校を出てから海軍入り。二等工長という無官の身分でイギリスに派遣され、明治一九年九月から二三年一〇月までの古い時代に、グリニッジで修学した人物だ。兵学校の教授をつとめたり、のちに攻玉社を創立した海軍と縁の深い近藤真琴の子息である。明治三三年以後はおよそ八年間、計画主任の座について「筑波」「薩摩」をはじめ八・八艦隊初期の戦艦にいたる全艦艇の基本計画を行なった、設計では忘れてはならない造船総監（一等）だった。

　造船アドミラル、というととかく華やかな設計系統の人物に目がいきがちだ。平賀中将しかり、福田啓二中将しかり、藤本少将もよく名を知られている。だが、フネも機関も兵器も、アイディアを出し、図面にまとめる人だけでは出来あがらない。現場で大勢の工員を使って建造、製造する裏方の役まわりの人材も必要だ。

造船屋にも二通りの流れがあり、大正・昭和期の海軍で、そんな地味な役柄のアドミラルといったら、永村清技術中将、庭田尚三技術中将、福田烈技術中将……あたりがかぞえられるだろう。工廠をおもな勤務個所とする系統である。

設計屋さんは天才的に頭脳がヒラメキ、シャープの上にもシャープでなければつとまらなかったような気がする。事実、優秀な設計屋はそうであったらしい。

だが、建造屋はむしろ、身体強健で、豊富な技術知識にささえられた管理・指揮能力の持ち主であることのほうが尊ばれたのではないか。したがって、帝大出身、秀才ぞろいのコンストラクター仲間でも、両者の肌合いはいくぶんちがっていたようだ。

いま書いた庭田尚三サン、福田烈サンの二人が大正なかばの頃、たまたま一緒に佐世保工廠に勤務していた。大技士、中技士だった若い彼らは、退庁後、料理屋《レス》で遊ぶことも多かったが、なかなかのモテようだったらしい。ある夜、チャメッ気たっぷりのご両所、ふと芸者《エス》たちをアッと驚かせる趣向を思いついた。庭田サンがせんす片手に鳥追《とりおい》笠をかぶって顔をかくす、福田サンはハッピを着て頬かむりをし、拍子木を叩いて「口上言い」をやろうというのだ。さっそく老芸者に旨をふくめて三味線をひかせ、三人で花街を一軒一軒まわりだしたそうだ。ところがこれが大成功、なかには本物と間違えた家もあったとか。

こんなトッピョーシもないハメはずし、あの、たとえば平賀譲中将にやれといっても出来ない芸当だったのではあるまいか。

技術将官のすわる椅子

技術科のオフィサーが将官に栄進したとき、さて、彼らにはどんなポストが待ち受けていたろう。

前項までに書いたように、戦前はほんの一握りの人数しかいなかったので、その配置先もかぎられたものだった。軍艦、兵器の建造・製造・研究の工作庁関係からいくと、少将クラスでは工廠の造船部長、造機部長、造兵部長、火薬廠の火薬部長、爆薬部長、それから技術研究所の各研究部長などのディレクター。中将では工廠長、火薬廠長、技研所長といった各機関のプレジデントだ。

いっぽう、中央の管理機関の椅子には、艦政本部の造船、造機、造兵部門それぞれの部長席が用意されていた。

ところで、それならば、「軍艦や兵器をつくる海軍工廠の廠長には、ぜんぶ技術アドミラルがすわったのだろう」と、お思いになるかもしれない。だが、じつはその逆、ほとんどは兵科・機関科出身の将官に席を占められていたのだ。それも大正時代までは、一、二の機関科将官をのぞいて、あとは兵科アドミラルの独占、昭和に入ってから、エンジニア・アドミラルにも椅子が回されてきたのが実情だった。

大正一二年三月、定員令が改正され、ようやくこのポストに主計科、技術各科の将官もつけるようになったが、それでも、日華事変前までのコンストラクター・アドミラルの工廠長はたったの三人だった。

海軍人事にもいろいろ都合はあったろうが、大正一三年から昭和三年いっぱいまでの呉工廠長のポストに伍堂卓雄造兵少将（とちゅう中将進級）がすわり、昭和七年から九年まで山本幹之助造船少将（とちゅう中将進級）が佐世保工廠長で采配を振った。

そしていま一人、昭和一〇年一一月から翌年一二月まで、航空機製造の広工廠長を福間忠《ただ》戩《よし》造機少将（とちゅう中将進級）がつとめたのみであった。

伍堂サンはむしろ、海軍をやめてから商工大臣や農林大臣として内閣に顔をつらねたことで名を知られた人だ。山本造船中将はこのあと、造船官最高のポスト艦政本部四部長に四年ちかく在任してから現役をひいた、コンストラクターの花道を歩いたアドミラルである。

しかし、戦争が始まり忙しくなってからは、技術将官の工廠長もたくさんできだした。といっても、軍港地で軍艦を造る老舗《しにせ》工廠の長は皆無。機銃や機銃用弾薬製造の鈴鹿工廠、豊川工廠、航空機搭載魚雷を生産する川棚工廠、それから化学兵器の相模工廠……など兵器系統工廠のボスだった。

さて、技術士官も高等武官である。彼らの間でも先任順位が定められ、任官後の勤務評価で時折これが入れかわった。中佐、大佐に進むころには、クラスのなかでのハンモックナンバーがかわるだけでなく、次の年度やその次の年度の後輩に追い抜かれることもあった。このへんは兵科将校とおなじような扱い方だったが、人数がすくないぶん目立ちやすかったし、抜いても抜かれても、双方にとって感じのよいことではなかったのではなかろうか。

ともあれ、こうして抜擢、淘汰が行なわれていった。戦前までは、中技士任官いらいおよそ二二、三年ぐらいで将官に進みうる人は昇進した。そしてその将官進級率は、五〇数パーセントと高かったことは前にしるしたとおりだ。

兵・機出身将官の領海侵犯

予算と権力をもち、明治一九年開設の艦政局いらいの歴史を誇る老大国艦政本部は、戦争末期の昭和一九年、技術担当の各部を次のように分けていた。第一部は主として砲熕兵器、火薬関係。第二部は水雷兵器。第三部、通信兵器、電気関係。第四部、造船。第五部、機関の造修。第六部が航海兵器、光学兵器部門である。

途中、改廃はあり、たとえば、造船の第四部は昭和二年から八年まで第三部になっていたこともある。だが、大正、昭和の時代、だいたいはこんな組織で、艦船・兵器の造修技術を動かす総本山として君臨してきた。したがって、各技術担当部の部長には、その系統の技術科将官があてられていた、とこの場合も、一見そう思われがちである。たしかに、

第一部長　技術中将もしくは技術少将
第二部長　技術中将もしくは技術少将
第三部長　中将もしくは少将、技術中将もしくは技術少将
第四部長　技術中将もしくは技術少将
第五部長　技術中将もしくは技術少将
第六部長　少将もしくは大佐

と、多くの部長には技術将官の専任がきめられていた。しかし、これはあくまでも原則。このうち、艦本創設いらい、終始原則どおりに技術アドミラルだけが配置されていたのは、造船部門の第四部長のみだった。

兵科将校の配置定員がある三部と六部は別として、一部、二部、それから五部の昭和八年以降二〇年三月までの一〇年ばかりを調べてみよう。のべ一九人の在任者中、なんと技術科将官はわずか三人しかいないのだ。これでは法規違反ではないのか！

だが、じつはそうではなかった。大正一二年改正艦本「定員令」の備考欄・第一項に「各部ニ於ケル士官……ノ定員ハ必要ニ応シ各其ノ合計員数ヲ超過セサル限リ指定ノ科別又ハ員数ニ依ラサルコトヲ得」と三行ばかり、抜け道的な補足規定をつけ加えていたのである。だから、第一部では谷村豊太郎造兵少将と清水文雄技術少将をのぞいて、他の四人とも兵学校

出の将官だった。

水雷系の第二部は八人全員が海兵出身アドミラル。五部は職掌がらデッキ・オフィサーの配員はなく、五人中四人が機関学校出の将官で、ただ一人、福間忠戩《ただよし》造機少将が昭和一一年暮から五年ちかく座を占めた。

清水一部長は一年三ヵ月でまあまあの長さの期間だったが、谷村一部長は六年という長期在任だった。三人を平均すると「四年」の勤務で、他の兵・機アドミラルの「一年半」にくらべると長いのが、技術アドミラルの特色でもあった。それにしても、たった三人とは規則違反ではないにしても、かなりの領海侵犯ではあったろう。

これはなにも艦本だけでなく、工廠や航空廠など、現場でも同様な領海侵犯が行なわれていた。侵そうとしなかったのか、侵させなかったのか、厳として系統技術将官あるいは大佐で部長席を守ったのは、各工廠の造船部長だけであった。

技術アドミラルの最高地位

電気担当の艦本第三部は、原則上も将校アドミラルの就任がコンストラクター・アドミラルとならんで定員化されていた。したがって、ここにはさきほどの一、二、五部の例と同時期、機関科出身の将官が四人、ほぼ連続するようにすわった。ただ、戦争終期の半年だけ兵科の矢野志加三少将が就職した。

この人は水雷屋出身で、軍政・軍令の正統コースをバランスよく歩いており、終戦近く、最後の連合艦隊参謀長になった人物だ。それまで艦政系のポストについたことはないので、「補艦本三部長」はやや異例の人事だったであろう。

そんななかに、一人わりこむように技術将官で三部長の職についたのが名和武造兵少将だった。ちょうど開戦直前から戦争のさなかにかけての時期であった。通信・電気技術部門のボスになるくらいだから専門は電気屋、一高・東大と当時の超英才コースをとばしてきたエリートだ。名和又八郎海軍大将の長男で、祖先を遠くたずねると、あの名和長年にたどりつく？　のだという。

日本人は、日本海軍は、模索の過程で「これ」と路線をきめると、あとはわき目もふらずそれに猛進する。戦艦「大和」の建造もそうだし、搭載した四六センチの巨砲もそう。酸素魚雷もしかりだった。潜水艦も「伊四〇〇潜」なんていうドでかいサブマリンをこしらえたが、潜水艦のインプルーブ、エンラージへの道程では、潜航中の原動力となる〝主蓄電池〟の性能向上にも猛進した。

その先達が、大佐時代までの名和武技術中将だったのだ。造兵中技士で海軍に入ると、この人、「蓄電池の研究製造」という、造兵のなかでもまったく地味で、畑のせまい分野に飛びこんだ。そのため、海大選科学生としてさらに三年間、東大理学部に入りなおして化学を勉強するかなり風変わりな技術士官コースのスタートをきった。

リーダー名和武以下のグループの努力の成果は、世界一流の性能をもつといわれる潜水艦用主蓄電池の製造法確立の実をむすんだ。

また、真珠湾攻撃で、湾内にもぐりこんだ特殊潜航艇・甲標的の動力、うすくて小型の「特D型」とよばれるバッテリーを考案・設計したのも名和サンだった。のちに彼は、この発明で海軍技術有功章をうけている。

こういうわけで、造機官が、造兵官が、それぞれの〝系統技術行政〟の最高ポジションである、艦本各部長に登りつめられるとは限らなかった。むしろすくなかったといえる。しかし、造船部門だけは、いま書いたように、つねに造船官がトップの座について、他にゆずらなかった。

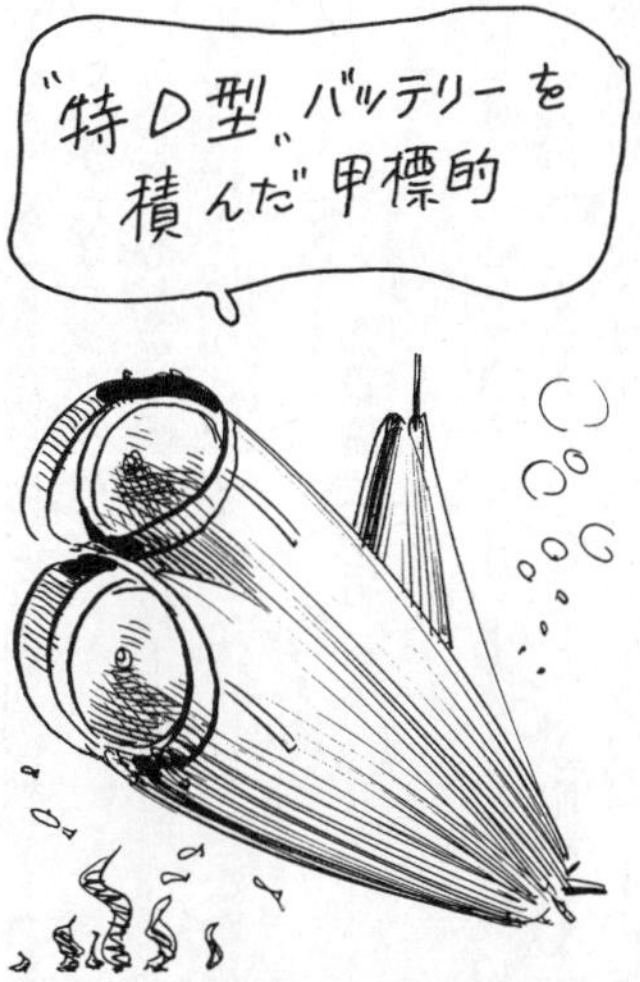

そしてまた、艦本のなかの部門部長になったからといって、かならずしも、その系統技術官の最先任者であるとはいえなかった。

たとえば、昭和五年度、造船科士官のハンモック・ナンバー〔C－一番〕は平賀譲造船中将だった。だが、艦本造船部長は〔C－二番〕の永村清造船中将である。三年先輩の平賀サンは技術研究所の所長だった。技研も艦政本部長の指揮監督をうける官庁だったが、造船官系列とは別個の独立したお役所だったので、これはこれでいっこうに差しつかえなかったのだ。

ただし、もしかりに、横須賀工廠の造船部長より後任の造船少将がいて、その彼を艦本造船部長に据えようというような人事はできなかったのである。

海軍施設中将

いままで書いてきたように、むかしから海軍の技術系アドミラルには造船科、造機科、造兵科の将官しかいなかった。ところが昭和一七年一一月、「施設系」の技術科がつくられ、軍属の軍人化がはかられることになった。上は技術中将から、下は設営隊員のためにそれまでなかった技術下士官兵が新設された。

そこでさっそく、一一月一日付で二人の（施設系）海軍技術少将が誕生したわけである。もちろん、文官からの転官だった。呉建築部長の松本伊之助技師と横須賀建築部長の住木直二技師がベタ金の軍服に着がえ、腰に短剣を吊るすことになった。

「海軍高等文官」の項でおわかりのように、技師の最高官等は原則として高等官二等だったので、このときの横スベリ階級は身分に相当する少将だったのだ。

海軍としても、あまり考えていなかったであろう、かつての建築局系統文官の武官化で、何と名称をつけるか頭を悩ましたのではなかったか。

まさか〝海軍土建中将〟〝土建大尉〟も変だ。せいぜい〝施設中将〟とか〝施設大尉〟といったところだろう。ならば、このさい、造船、造兵……などの垣根を取っぱらって、一様に技術中将以下技術少尉にしてしまっては如何。こんな考えも、新改称名「技術科」の採用に多少、影響していなかったであろうか。

そのへんはまあどうでもよいが、日本海軍は戦争中、前線に航空基地を建設したり、作戦地に応急戦闘施設を急造したりの設営戦で、大幅にアメリカに遅れをとってしまった。これが、大きな敗因の一つとされているが、元来、海軍施設の建築・施工には、いかにも海軍らしい独特な考え方をもっていたようだ。

日華事変初期、鉄筋コンクリート四階建ての上海陸戦隊本部は、しつような敵の襲撃をよく撃退して守り抜いた。剛強な建物は要塞的機能を果たしたと、当時の新聞は賞讃の言葉で報道したらしい。実戦部隊の庁舎の設計計画にあたっては、それは陸上にある艦艇だ、との考え方があって、敵の攻撃に耐え抜く必要から頑強さが要求されたのだそうだ。

すこしあとのことだが、元山航空隊では、

厚さ一メートルにおよぶ鉄筋コンクリート造りの耐弾式格納庫が建設されている。

さらにこれよりずっと古く、大正一二年の関東大震災後、横須賀箱崎島に真島健三郎局長の考案で、深さ三〇メートル、容量二万トン・土中式コンクリート重油槽五基が造られた。この工事の主任官が、東大土木出身の青年技師、のちの松本伊之助技術少将の若いころだった(『海軍施設系技術官の記録』)。

そのほか、終戦までに四人の施設系統技師が直接技術少将に、あるいは技術大佐への転換をへて少将に進級している。一人はいま記した上陸《シャンリク》隊舎建築の設計指導をした権藤博技術少将、それから日岡長明、松永幸一、木村喬の三技術少将だった。

そして、昭和二〇年五月、大戦中、海軍最後の技術中将が四人、造船の福田烈少将を筆頭に誕生したが、そのうちの一人として、施設では松本伊之助少将が進級した。

というわけで、歴史の浅かった施設将官の人数は合計六人にすぎなかった。

萌黄の法務アドミラル

施設系統の文官が武官化される半年ほど前の昭和一七年四月に、法務系文官が〝萌黄〟の識別章をつける「法務科士官」にかわっていた。法務中将以下の各階級士官に移行したのだが、法務少尉の実員はなかった。法務少尉には専門学校出身者をあてることにきめられていたが、このソースからの採用はなく、全部大学卒で占められていたからだ。

上級法務科士官への移行標準としては、
法務局長（高等軍法会議上席検察官）＝法務中、少将
高等軍法会議上席裁判官＝法務中、少将、大佐
横須賀、呉、佐世保、舞鶴鎮守府法務長＝法務少将、大佐
のように定められたようである。「但シ特別ノ事情アル者ニツイテハ詮衡ノ上、別ニ任用スヘキ官等ヲ定ム」とも規定された。
軍法会議が〝特別裁判所〟として設けられていた理由は、軍紀の維持、振粛が最大目的であり、統帥が要求するそういう意図を全面的に反映させるように司法権を運用するためであった。
そこで、ことが将官にかかわる事件を裁く高等軍法会議と東京軍法会議の長官には海軍大臣が、そのほかの軍法会議長官には鎮守府司令長官、警備府司令長官、艦隊司令長官があたり、それぞれ公訴や捜査の指揮をとっていた。
ただし、長官自身は裁判には直接関係せず、軍法会議の裁判官中、大多数を占める判士には、それを命ぜられた将校を充当していた。
そして、裁判の公正を期するため、裁判官のなかに法律専門家である法務官すなわち法務科士官を入れていたのだ。
武官制施行で、さっそく法務中将の軍服を着たのは、高等軍法会議法務官兼法務局長の職にあった尾畑義純氏だった。東大法律学科出身、昭和一一年に高等軍法会議法務官に着任す

るまえは、横鎮軍法会議法務官兼横鎮法務長をつとめていた。法務中将に転官後、終戦を待たずに昭和二〇年三月、予備役に編入されている。

いっぽう、法務少将第一号は、そのとき横鎮軍法会議法務官兼横鎮法務長の席にいた荻原竹次郎氏だった。彼の前職は支那方面艦隊軍法会議法務官。同時に、後日、法務少将に進級する以下の六法務系文官が法務大佐の肩章をつけた。

小田垣常夫＝舞鶴軍法会議法務官兼舞鎮法務長
島田　清＝高等軍法会議法務官兼東京軍法会議法務官
樋口芳包《よしかね》＝呉鎮軍法会議法務官兼呉鎮法務長
高　頼治＝大阪警備府軍法会議法務官兼大警法務長
岡村賛二＝第三遣支艦隊軍法会議法務官兼三遣支法務長
楠田直方＝呉鎮軍法会議法務官兼兵学校教官

そして、この六名のジャスティス・アドミラルへの進級は、

小田垣法務大佐→昭和一七・一一・一
島田　法務大佐→昭和一七・一一・一
樋口　法務大佐→昭和一八・一一・一
高　　法務大佐→昭和一九・一〇・一五
岡村　法務大佐→昭和一九・一〇・一五
楠田　法務大佐→昭和二〇・五・一

の日付で発令された。

なお、荻原少将は一九年一二月、予備役に編入され、また終戦後の二〇年一一月一日付で、島田少将が二人目にして最後の法務中将に進級している。

それから、あと一人、連合艦隊軍法会議法務官の由布喜久雄法務大佐が、やはり終戦後の二〇年一一月一日に法務少将となった。

以上が、法務科将官の全員である。

軍隊指揮権の象徴

そのむかし、海兵の生徒でも、また卒業してなりたてのホヤホヤ青年将校も、みんな「せめて将来は、軍艦の艦長になって一国一城の主《あるじ》の気分を味わいたい」とあこがれたそうだ。が、やがて年月がたつと、こんどは「ぜひ一度は、俺も将旗をマストのてっぺんにひるがえしてみたいものだ」と夢をふくらませたという。人間の欲望はなかなかきりがない。

ならば、その「将旗」とはいったいなにか。

戦前の軍艦の写真で、ときおりマストに軍艦旗に似た旗の揚がっているのに気づくことがある。それも、マストが二本あったら高いほうの檣頂にである。よく見ると旗中央の真っ赤な日章から出ている光線の数は、軍艦旗の半分の八本。ときには上縁《うわべり》や下縁《したべり》にも紅線のふちのついているのもあった。

1図　天皇旗と将旗

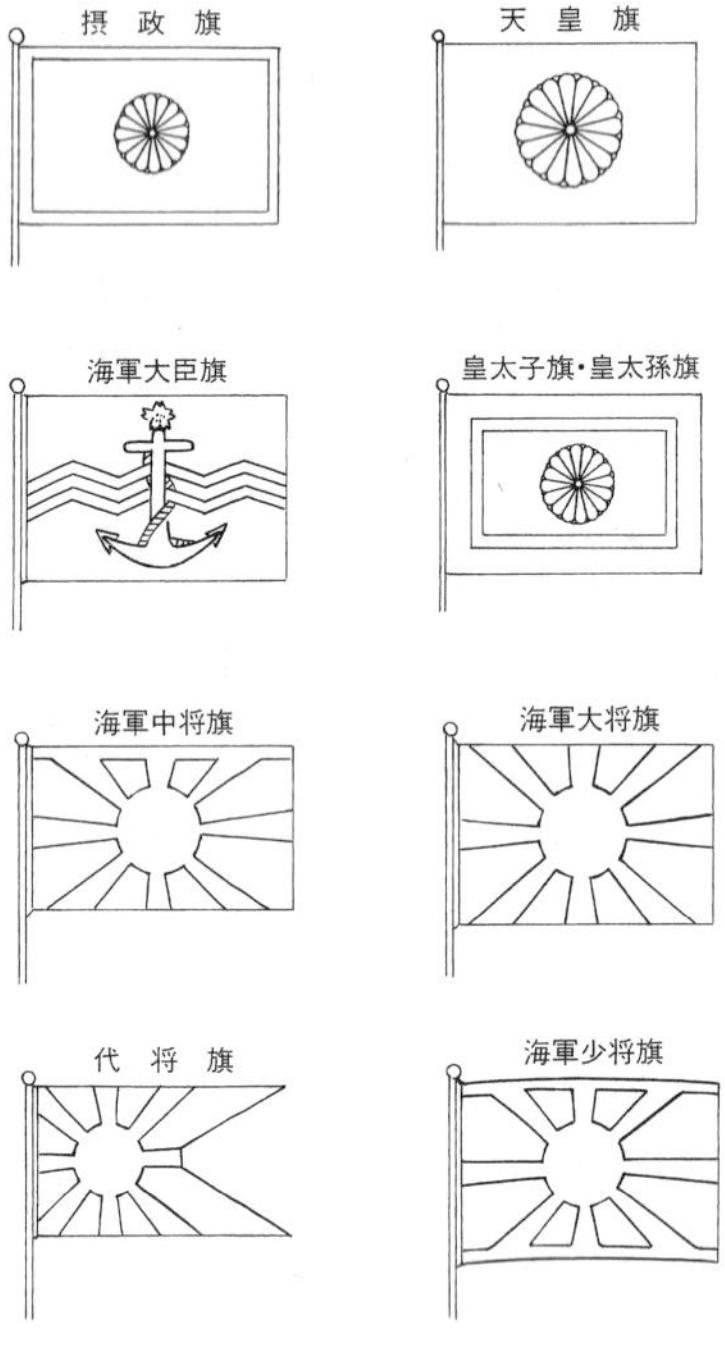

これが、兵科将校〝憧憬〟の将旗である。大きさは掲揚する場所によって大小とりどりだったが、1図のような形をしていた。このハタの意味するところは「指揮権ヲ有スル海軍大将、海軍中将又ハ海軍少将ノ旗章」ということだ。略してそれぞれを大将旗、中将旗、少将旗といったが、〝指揮権ヲ有スル〟というところがミソ。

すなわち、連合艦隊をはじめとする艦隊の司令長官や戦隊の司令官、陸上では連合特別陸戦隊や特別根拠地隊の司令官……そういった戦闘実力をもつ部隊指揮官だけの旗印《はたじるし》だった。

軍医中将だとか主計中将、技術少将など相当官ベタ金は、残念ながら海軍病院や経理部、海軍工廠なんぞの庁舎のポールに、将旗は揚げられない。またたとえ、指揮権を継承する資格のある兵科将官でも、艦隊参謀長や艦隊司令部付なんかで海上へ出た場合は、指揮官ではないので彼のハタは掲揚できなかった。

だから、将官になったらだれでも、自分の乗っている艦のマストや、デスクのあるお役所の屋上にはためかすことのできる旗章ではなかったのだ。もしそうでなかったら、軍令部もいっしょに入っていた海軍省の建物なぞ、まるでデパートの屋上のビヤ・ガーデンのように紅白の旗が林立することになったろう。

カッターに掲げた少将旗

さて、戦艦〇〇艦長・海軍大佐海野太郎氏がめでたく海軍少将に進級し、総員帽振れの見送りで退艦するそのときは、桟橋まで送る短艇の艇首旗竿には少将旗をかかげた。大きさは二幅《フタハバ》（一ハバは三六センチ）のもの、したがって横の長さは約一メートルになる。

そのさい、彼が乗員に人気のある艦長だったなら、短艇は内火艇でなく、乗員がオールを握ってカッターで送ることもあったようだ。

ミッドウェー海戦で戦死した山口多聞司令官が「伊勢」艦長から退任するときは、黄色ブチの将官敷物を敷いたカッターに軍艦旗を立て、少将旗をみよしにひるがえしながら、

特別短艇員《ボートクルー》が競技に優勝した思い出を一枚一枚の櫂をたぐるが如くに漕いで、呉軍港の上陸場に向かったという。山口少将の得意やおもうべし、満足や察すべし。

だが、将旗をこうして、短艇に揚げるのは特別な例外的事例だった。「海上勤務ノ司令長官又ハ司令官ニ在リテハ其ノ坐乗スル艦船ニ、陸上勤務ノ司令長官又ハ司令官ニ在リテハ其ノ庁ニ之ヲ掲揚ス」「司令長官又ハ司令官着任ノ際之ヲ掲揚シ解職ニ依リ退去ノ際之ヲ撤去ス」というのが一般的原則であった。

万事しきたりのやかましい海軍だったから、こういう旗章の揚げおろしもうるさい。戦隊でボスの交替があり、新旧の司令官が離着任するときの将旗揚げかえのセレモニーは、たとえばこんなふうだ。犬塚太郎少将が第五戦隊司令官の職を退いて、山本英輔中将にかわったときの一例。場所は佐世保軍港である。

水交社まで参謀に出迎えられた山本中将は、第一上陸場から内火艇で、浮標《ブイ》にかかっている旗艦「名取」に到着した。犬塚前任司令官、幕僚、「名取」副長以下、乗員総員の出迎えをうけて舷梯をのぼる。運用下士官一名が、そのとき号笛《パイプ》『舷門送迎符』を吹く。礼式は、衛兵司令の指揮する衛兵隊がデッキに整列して捧銃《ささげつつ》、信号兵がラッパ『海行かば』を一回吹奏する、将官にたいする「衛兵礼式」だ。

　ただちに司令官室へ入り、引き継ぎを終えると、幕僚と麾下各艦長の伺候が行なわれる。このときの五戦隊は、「名取」以下、「長良」「由良」「川内」の軽巡洋艦群だった。それがすむと後甲板に場所をうつし、集まった各艦准士官以上にたいしてまず前任司令官から挨拶があり、つづいて新司令官としての抱負をのべる山本中将の着任の辞がブタれた。

　こういう挨拶、訓示はたいていだれもが喜ばないものだが、終わって幕僚、各艦長たちと司令官室で祝盃をあげ、前任司令官の健康が祈られる。スルメなどかじってしばらくの間、談笑がはずむが、まもなく犬塚旧司令官退隊の時間が迫る。退艦、少将旗降下、礼砲一三発施行。

　そしてそのあと、一〇分たってから〝本職只今ヨリ当戦隊ノ指揮ヲトル〟の合図でもある、ま新しい山本司令官の中将旗が檣頭に高々と開かれ、祝いのしるしとして一五発の礼砲のとどろきをきいたのだという。

礼砲の打発数

　いま何気なく「礼砲」と書いたが、これも陸海軍礼式の一種で、軍艦や軍隊が敬礼や奉祝の意を表わす手段としてもちいる空砲である。どんなおエライさんにたいし、どんな場合、どんな時機に何発打つかは「海軍礼砲令」でこまかくきめられていた。

では、礼砲令のなかから、日本海軍武官にだけ関係する礼砲の発砲数を抜き出してみよう。31表のようになる。

ところで、さっきの五戦隊新旧司令官の交替時、実施された礼砲数が退任者、新任者とで違っていたのにみなさん気づかれたであろうか。一三発と一五発。

それは、31表からおわかりのように、この礼砲はたんに〝司令官〟の職に敬意を表したのではなく、〝司令官としての海軍少将〟〝司令官としての海軍中将〟という（職プラス階級）にたいしての敬礼だからなのだ。階級の上のほうが当然、数が多くなる。

しかし、こんな仰々しいセレモニーは、いかに司令長官、司令官だからといっても、それは着任・退任のときのみ。平素、彼が旗艦としている乗艦を出入りするときは、参謀長（戦隊にはいない）と副官、艦長、それから当直将校が舷門で送迎し、下士官がパイプを吹鳴するだけの、ずっと簡略化された礼式だった。

礼砲を打つ間隔は、五秒ごとが標準だ。礼砲専用に特別の小口径砲をもっている軍艦もあったが、そうでないフネでは実射用の小口径砲を使ったり、あるいは中口径砲をもちいることもあった。

海軍でいう小口径砲とは、口径が一二センチより小さい砲、中口径砲とは、一二センチ以上二五センチより小さいものを、そうよんだ。戦艦でもそんな設備のない艦もあり、そこでは一二・七センチ高角砲を使用したということだ。

そして、もしも何らかの故障で不発、なんていうことになると相手にたいしてたいへん失礼を仕出かすことになるので、応急用に反対舷の砲にも空砲を装塡していつでも打てるよう、待機していた。そういうところは、海軍はぬかりがなかった。

さて、もう一つ、31表を見てお気づきにならなかったろうか。それはどの儀礼のときも礼砲数は〝奇数〟だということだ。

この表以外に、武官ではないが特命全権大使にたいしては一九発の定めがあり、さらにその上の皇礼砲は二一発だ。外国の国旗、外国の元首・皇族あるいはその旗章にも礼砲を発するが、この場合も二一発。これ以上はない。逆にいちばんすくないのは、総領事代理もしくは領事代理にたいする五発の礼砲だった。いずれも二発きざみ段階の奇数発射で、偶数の規定はなかった。なぜであろう。

これには古いいわれがあるようだ。一六八五年に発行されたアチラの書物に、「もしも礼砲数偶数なるときは、この航海中、艦長、航海長もしくは砲術長が死亡したと了解される」と書かれていることから、二一発の皇礼砲以下、現在のように奇数発射に、国際的にきまったのだといわれている。偶数は縁起が悪いと考えたのだろうか。

むかし、礼砲は今日みたいに特殊な装薬を発火させて音だけ出したのではなく、実戦と同様、弾丸を打ち出していた。

31表　日本海軍武官に対する礼砲の打発数

官職名	礼砲数
海軍大臣	17
軍令部総長	17
特命検閲使	17
海軍大将	17
海軍中将	15
海軍少将	13
司令官タル海軍大佐	11

一五世紀末ごろのイギリス、ヘンリー七世時代の大砲は一時間に二発がやっとの発射速度だったらしい。となると、一度発砲すると三〇分くらいは戦闘能力が消えてしまうわけで、礼砲の発射により、受礼者にたいして害意を持っていないことを示せたのである。

旗章の掲げ方

司令長官や司令官が座乗する艦船を旗艦とよぶのは、将旗をかかげる「フラッグ・シップ」からきたことは、もう先刻ご承知のとおり。日清戦争や日露戦争の海戦画を見ればわかるように、敵味方の双方へ、「わが御《おん》大将ここに在り」を檣頭高く顕示して戦ったのだ。

明治二九年、海軍旗章条例が改定されて、以後、昭和時代までもちいられる大将旗、中将旗、少将旗が制定されたのだが、それより前、明治二二年にこの条例がはじめて定められたときはそんな区別はなく、「将旗」一種の規定しかなかった。その形状はのちの大将旗と同じである。

「ならば大将の乗っている旗艦か、少将の旗艦か見分けがつかないではないか」

といわれそうだが、それには面白いとりきめがしてあったので、少々長くなるが規約の全文をかかげてみよう。

将旗ハ司令長官司令官タル将官指揮権ヲ帯ヒ乗艦シタルトキ大将ニ於テハ大檣頂ニ之ヲ掲

ケ中将ニ在テハ前檣頂ニ之ヲ掲ケ少将ニ在テハ後檣頂ニ之ヲ掲ク
少将ニ檣艦ニ乗艦シタルトキハ将旗ヲ前檣頂上ニ掲ク
中将ニ檣以下ノ艦ニ乗艦シタルトキハ将旗風上ノ上隅ニ紅球一箇ヲ附シ少将ニ檣以下ノ艦ニ乗艦シタルトキハ将旗風上ノ上下隅ニ紅球各一箇ヲ附ス将旗ヲ陸上ノ旗竿ニ掲クルトキモ亦同シ
司令長官司令官タル将官公務ヲ帯ヒ端舟ニ乗ルトキハ将旗ヲ舟首ノ旗竿ニ掲ク但中将及少将ニ在テハ紅球ヲ附スルコト前項ニ同シ

「赤城」艦上の写真。旗艦であるこの艦のマストには、見えにくいが南雲司令長官の中将旗が掲げられている。

大檣とは三本マスト艦では中央のもの。二本マスト艦では後檣をさしたが、この場合、前後で著しく高さに差があるときはデカイ方を大檣とよんだ。日清戦争の黄海海戦では伊東祐亨GF長官、坪井航三司令官はこんな将旗の掲げ方で、その指揮権の所在を全軍に示しつつ清国北洋艦隊をひっかきまわし、わが艦隊を勝利に導いたのだ。

こういう旗章に関する目をもって、明治、大正、昭和各時代の艦船写真をジックリ眺めるのも一興だろう。年代が分からないとき、特定に役立つこともある。

さて昭和七年、「海軍旗章令」が改定されてからは、天皇旗、摂政旗、皇族旗、海軍大臣旗、将旗、代将旗、長旗、司令旗はすべて艦船では、大檣頂に掲揚することに改められた。そして、観艦式なんかで艦隊旗艦が天皇のお召艦になって、大檣頂に金色の菊のご紋章つき真紅の天皇旗（1図）をかかげたときは、将旗などはそれに敬意を表して掲揚しないことになっていた。

「……前項ノ旗章ハ同一ノ艦船、短艇又ハ海軍陸上各庁ニ於テハ二以上ヲ掲ゲズ列序ノ最上位ノモノ又ハ上席者ニ対スルモノノミヲ掲揚ス」ときめた規定があったからである。ただし、艦船では、皇族旗あるいは海軍大臣旗と将旗を併揚することは許されていた。しかしこの場合、将旗は大檣以外のマストに引っ越ししなければならなかった。規則・儀礼のヤカマシイのが海軍の身上だったが、それにしてもわずらわしいことではあった。

面倒なきまりはまだある。ときには、同一マストのてっぺんに二つ以上の旗章を掲げなければならないこともあった。そんなときは、上位のハタはかならず右舷側にならべてかかげなければならなかった。軍艦内では昔から右舷を貴しとする慣習があったからだ。右舷舷梯の使用を士官室士官以上にかぎったのなどもその例である。

〝国家・一艦の尊厳のしるし〞軍艦旗をそんなふうに檣頂に併揚するときも、もちろん右側にかかげる。写真はその好例だが、真珠湾空襲でまさに発艦準備のととのった「赤城」艦上のマストだ。

下の、斜桁《ガフ》にかかっている軍艦旗は合戦準備により艦尾旗竿からあげかえられた、通常の意味での〝軍艦旗〟。檣頂にあるのは、いよいよ戦闘開始ということで開かれたいわゆる〝戦闘旗〟と称される軍艦旗だ。そして、戦闘旗の向こう側に上べりだけ見えるハタが南雲司令長官の〝中将旗〟である。本艦の場合、写真手前側が右舷だった。

礼砲を打つ軍艦の敬礼

いまの自衛隊ではそういうことはないようだが、かつての帝国陸海軍時代は、街なかで見知らぬ軍人どうしがすれちがっても、たがいに敬礼が交換された。そして、もし下級者が欠礼でもすれば、それはただごとではすまなかった。

軍艦対軍艦の敬礼も、場合ばあいによって作法が厳しくきめられていたが、では、軍艦のマストに将旗がかかげられているときは、さてどのようにしたか。たとえば、こんな状況を考えてみよう。なりたてのA中将ひきいる戦艦二隻からなる戦隊が、横須賀出港後まもない東京湾沖で、編隊を組んだ巡洋艦戦隊と行きあった。こちらは軽巡四隻、司令官は古参のB少将で、兵学校はA中将よりも先輩である。

しかし、そこは階級社会の軍隊、B司令官は後輩のA中将の将旗に敬礼しなければならない。いよいよ近づく。軽巡戦隊旗艦ではB少将以下、司令部職員や艦乗員の士官、准士官で、艦橋張り出しや上甲板にいる者は、ラッパ「気をつけ」と同時に戦艦戦隊旗艦に面して挙手の敬礼をする。

下士官以下は姿勢を正すだけで、挙手はしない。同時に、衛兵司令の指揮する衛兵隊が、ラッパ「海行かば」を一回吹奏するのにあわせて「捧げ銃《つつ》」の敬礼をするのだ。

二番艦以下では、ラッパ「気をつけ」を吹くことと上甲板にいる者の敬礼法は旗艦と同様だが、衛兵隊の敬礼と「海行かば」のラッパはなし。いっぽう、A中将のほうは、同じくラッパ「気をつけ」を吹鳴し、上甲板に在る者は敬礼を行なっている艦のほうに向いて不動の姿勢をとる。それから、ちょっと間をおいて「掛《か》ッかれー」のラッパを吹けば答礼は終わりだ。二番艦の戦艦は、B少将の二番艦以下と同様な作法をとるのであった。

ところが、外国海軍の、将旗をかかげた司令長官や司令官の旗艦と出くわしたときは、そうは、簡単にはすまなかった。礼砲の発射がからんでくるのである。

かりに、某国艦隊司令長官C中将の旗艦と、日本艦隊司令長官D中将の旗艦が洋上で出あったとする。階級は同階級だ。どちらが先任か、後任かがまた面倒だ。が、これは平時であれば、あらかじめ士官名簿を交換したりして分かっているので、まごつくことはすくなかった。調べたところ、日本のD中将のほうが後任だったとしよう。このようなときは、D長官が先に、海軍中将にたいする一五発の礼砲を発射したのだ。そのあと、すぐ同数の答砲が相手方から返ってくる。

しかし、ずっと昔は、そう滑らかに事が運ばない場合もあったようだ。明治四三年七月というからかなりのむかし。伊地知彦次郎少将の練習艦隊が遠航から帰って、広島湾に錨を打

とうとした。その直前、オーストリアの巡洋艦「カイゼリン」とすれちがった。当然、向こうから礼砲を発すべきなのに、同艦は知らん顔をしていた。「無礼なり」と怒った伊地知司令官は旗艦「阿蘇」を引き返させ、追跡しようとすると、ようやく一三発の礼砲を打ってよこした。

このときは、天気が穏やかで将旗がだらりと下がり、はっきりしなかったのであろう、ということで穏便におさめたというか、おさまったそうだ。どっちが先になってもたいしたことではないように思えるが、こういう外国艦との儀礼の交換は国家の面子《メンツ》がかかってくるので、ことは紛糾しがちだった。

かつての中国では、揚子江流域をはじめ沿岸各地に、列国の軍艦が多数、顔をつきあわせていた。となると、また礼式がわずらわしい。たまりかねたか、日露戦争の前から、この水域にあるイギリス、ロシア、フランスその他の艦隊指揮官と日本の常備艦隊長官との間で、将旗などにたいする礼砲は一年一回に限ろう、と協約を結んでいた。

それでも、ゴタゴタは起きる。昭和になってからだが、六年一月、上海に碇泊していた第一遣支艦隊旗艦の「安宅」が錨地を変更しようとした。英国の巡洋艦「サフォーク」のわきを通過したが、同艦はたんに、ラッパ「気をつけ」を吹くだけの敬礼ですました。さっそく、近くの浮標《ブイ》に係留していた砲艦「嵯峨」から、士官がネジ込みに出かけて行った。「サフォーク」の答えは、英国海軍規則にしたがい、日曜日の午後は総衛兵礼式は実施しないのだ、という返事だった。腹を立てた一遣支では、ならば、こちらも今後、「日曜日の午後は、英国の将旗にたいし、総衛兵礼式はやらないようにしよう。本省のご意向はいかん」と、軍務局にお伺いをたててきた。

海軍省からは、「首席指揮官ニ於テ臨機ノ処置」をとれ、ということですましたそうだが、〝挨拶〟というのもまた難しいものだ。

英海軍キース大将に敬礼

戦前の日本海軍の軍艦で、中国水域に出向いていた艦を別にすると、いちばん外国海軍と接触の多かったのは、遠洋航海に行く練習艦隊だった。軍艦としての、艦隊としての一挙手一投足で、わが海軍の本質までを評価されるのだから、司令官以下幕僚、艦の幹部たちはさぞ気骨がおれたことだろう。

外国の陸影が見えるころから、軍艦旗も将旗も、色あざやかなま新しいのに掲げかえられる。国との、海軍との礼式の交換近しだ。

大正一五年度練習艦隊は、山本英輔司令官にひきいられて欧州方面へ行った。中将旗をひるがえした「八雲」「出雲」の両艦が、あちらでどんな儀礼のやりとりをしたのか、一つ二つ中将の回想から拾ってみよう。

はるばるインド洋を渡り、スエズ運河を抜けてダーダネルス海峡に近づくと、イムロズ島東側に二隻の軍艦がいた。たぶん英国艦であろうと推察し、接近すると、はたして戦艦「ウォースパイト」と軽巡だった。さらに近寄ると大檣に将旗が揚がっている。念のため、発光信号で「将旗誰なるや」を尋ねると、予想どおりキース大将とのこと。さっそく礼砲の準備をした。

山本さんはキース大将あて「マルタにて、尊敬する提督に伺候できることを期待す」の信号を送り、「ウォースパイト」と並行すると同時に一七発の礼砲を発した。ついで同艦より同数の答砲が返された。こちら

が中将だからといって一五発ではない。「答砲ノ数ハ礼砲ノ数ニ同シ」である。山本艦隊は総衛兵による衛兵隊礼式を行ない、キース大将からも「マルタにおける貴官との面晤を期待す」の信号が送られてきた。当方は、それにたいし「Good bye」を発信し、英艦からは「Thank you good voyage」の答礼があった。

練習艦隊はバルセロナで折り返し、復航に入った。途中、マルタに寄港して二た月前の海上の約束がはたされる。一〇月二日だった。

マルタ港港外からやがて防波堤内に入り、予定浮標に接近したとき、「八雲」「出雲」の大檣頂に英国国旗が開かれた。と、同時に、英国国旗にたいする二一発の礼砲を発射した。すぐさま、陸上の砲台から同数の答砲が打たれる。ついで、こんどは地中海艦隊司令長官キース大将の将旗にたいして一七発の礼砲を打つと、つづいて同数の答砲が返されてきた。

係留後まもなく、山本中将は幕僚をしたがえて旗艦「ウォースパイト」にキース大将を公式訪問し、集められていた各司令官に紹介される。キース大将には財部海軍大臣からの贈物をとどけ、また、乗艦中のわが少尉候補生への訓話もお願いして退艦する。そのさい、一五発の礼砲が打たれた。しばらくすると、キース提督の答訪が行なわれた。参謀長のパウンド少将ほか一、二名を帯同して「出雲」に来艦。歓談数刻、山本中将は一七発の礼砲で提督を送った。

ところで、こういう将旗にたいする礼砲とか答砲を打つときは、その間、相手国の軍艦旗を前檣のいただきに掲揚するのがしきたりであり、また、礼砲を受ける者が短艇に乗っている場合、その礼砲が発射されている間は、乗艇の進行を停止するのが礼儀だった。

平時の海軍は、まさに国際外交の舞台では欠くことのできない儀礼上の存在だったのである。こういった、礼式のとり運びがスマートにスムーズに実行できることも、一流の海軍として通用するための一つの条件であった。

だが、しかし「昼間は、将旗で旗艦のありかがわかるが、夜はどうするのか?」という疑問がわく。

これには、いわゆる「将官灯」とよばれる白灯を点ずる方法で識別していた。灯数は海軍大将旗が三個、中将旗二個、少将旗と代将旗が一個だった。ついでに書くと、天皇旗と摂政旗は最高数の五個、皇族旗が四個、海軍大臣旗は大将旗と同じ三個だった。なお、摂政旗、皇族旗、海軍大臣旗がどんなハタであったかは、1図を見ていただきたい。

将官灯を備えつける場所は後檣の桁《ヤード》後面で、約一メートル間隔に、横に並べて置かれていた。点灯時間は日没時から日の出の時刻まで。ただし、海軍大臣と海軍大将以下の将官灯の点灯は碇泊中のみで、航行中は、とくに必要ある場合以外は点じないき

まりになっていた。

将旗の取り扱いと同様、これらの識別灯の点滅も司令部付信号兵の役目だった。うっかりすると忘れることがある。

「今朝午前八時、軍艦旗掲揚時に将官灯が消してないのを参謀に見つけられて、注意をうけた。貴様たちは近頃だらけているっ」

信号長から、ボイーン、ボイーンと彼らのあごにサザエをかまされることもあったようだ。

いま「代将旗」と書いたが、これは、前に記したように海軍大佐が司令官の職についたときに掲げる旗章だ。扱いは将旗に準じていた。発音はダイショウ旗。

ところで皆さん、海軍では大佐、大尉を正式に呼称する場合、ダイサ、ダイイと言っていたのはご存知であろう。だが、大将はダイショウとは言わなかった。もし、こう呼ぶとすると、「大将旗」もダイショウ旗になってしまい、代将旗と発音が変わらなくなってしまう。これは困る。そこで、御大だけは〝海軍タイショウ〟と呼称したのではあるまいか。これはまったく、筆者の推測だが。

観艦式と皇礼砲

礼砲のもろもろについて取りきめた海軍礼砲令には、じつは、まっ先に皇礼砲に関しての規則がかかげられていた。「天皇、皇后、太皇太后、皇太后ニ対シテハ皇礼砲ヲ行フ」「天皇旗、皇后旗、皇太子旗、皇族旗ニ対シテハ皇礼砲ヲ行フ」に始まっていたが、これも、どんな場合に、どのように打発されていたかは、実例によったほうがわかりが早い。

昭和天皇の即位を祝う大礼特別観艦式では、盛儀をより盛りあげる皇礼砲はこんなふうに実施されたものらしい。

昭和三年一二月四日、海軍大元帥の正装を召した天皇は午前九時すぎ、横浜税関特設桟橋にお着きになった。このとき、満艦飾を施して東京湾を圧するあまたの艨艟《もうどう》は一斉に皇礼砲を放った。二一発。これは国旗にたいする礼砲と同じ、最高の数である。
九時一五分、お召艦「榛名」の艦載水雷艇で桟橋を解纜。再び、「榛名」にならって各艦が皇礼砲を発するなかを、艇は沖に向かう。「天皇乗御ノ短艇ハ礼砲ヲ受クル間ト雖進行ヲ停止スルコトナシ」であった。
「君が代」のラッパが高らかに吹奏され、万歳の声と交錯する海面をお召艇は進み、「榛名」の舷梯にピタリと横付けされる。陛下の第一歩が舷梯にかかるせつな、財部大将の大将旗がひるがえる観艦式旗艦「春日」から、三たび皇礼砲が打たれ、各艦もこれにならうのだ。同時に、真紅の大天皇旗が「榛名」の後檣高く掲揚された。

親閲の用意がととのうと、「榛名」は艦尾、艦首に軽く白波を立てて式場へ進発。海上では「春日」にならって、四たび皇礼砲が天地をゆるがす。時刻は九時四五分。そのときの参列艦船は二百余隻、八三万余トンといわれた。なお、皇礼砲にたいしては答砲はなかった。「天皇、皇族又ハ其ノ旗章ニ対シ行フ皇礼砲」には「答砲ヲ行ハス」だったのである。

耳をすますと、爆音がはるかかなたから聞こえてくる。と、見る間に、大きな艇体の嚮導飛行艇を先頭に飛行機隊が姿を現わした。一群、二群、合計一三〇機の雄姿が分列飛行を見せ、二台の巨大な飛行船も続航した。

お召艦「榛名」は先導艦「金剛」のうしろ八〇〇メートルを航進し、「比叡」「磐手」の二艦が後続供奉する。第一列の先頭基準艦「長門」以下、諸艦のつくりなす列の間を縫って巡閲がすすむ。親閲をうける艦上には、数万の海のもののふたちが登舷礼式で敬意を表し、「君が代」のラッパは荘重に海原に響いた。いわゆる〝碇泊観艦式〟だった。

約一時間二五分、一四マイルの視閲が終わったのは午前一一時一五分であった。「榛名」は「金剛」「比叡」「磐手」と並んで、きめられた錨地に錨を投ずる。加藤寛治連合艦隊司令長官らに拝謁を許されたのち、海軍に勅語が下され、ついで午餐がふるまわれた。

杯をあげて聖寿の万歳三唱。終わって午後二時二〇分、「榛名」は港内に向かって抜錨する。このとき、供奉艦、参列艦は五度めの皇礼砲を発した。二時五〇分、港内着。陛下がお召艇に移乗され、舷梯を離れると、なんと六度めの皇礼砲がお召艦をはじめとする全艦から打発され、海上をどよもしたのだ。

当夜、横浜港沖に碇泊した艦船は電灯艦飾で、きらびやかに英姿を夜闇に浮かびあがらせた。

これが、およそ半世紀少々まえ、わが海軍の、天皇をお迎えしての観艦式の姿だった。いまも海上自衛隊の観艦式は行なわれるが、式場に皇礼砲のとどろくことはない。

海軍大将第一号は陸軍から

海のあちら、ロイアル・ネービーあたりでは、海軍大将としてのアドミラルを、リア・アドミラルやバイス・アドミラルとはっきり区別する必要があるときには、フル・アドミラルと呼ぶこともあるようだ。

この物語も、いよいよこんどはその「フル・アドミラル」の話にはいる。だが、この言葉は、発音をきちんとしないと侮べつ語になり、相手に失礼をしでかしかねないので、注意がいる。これ、お分かりでしょう。

さて、日本海軍さいしょの海軍大将はだれだとお思いだろうか。初代海軍卿のあの勝海舟ではない。洋式海軍の大先達であったこの人は、武官ではなく参議という文官の身分で、明

治六年一〇月、海軍卿の職についた。大将の位は明治二年七月にはやくもつくられていたのだが、その後ズーッと実際に任ぜられることはなく、ようやく初誕生したのは、日清戦争さいちゅうの明治二七年一〇月になってからだった。

第一号は西郷隆盛ドンの弟、従道。ご存知だろうがこの人、生え抜きの海軍軍人ではなく、陸軍からの転入である。陸軍中将だった明治一七年に、その階級のまま、陸軍卿とあわせて「海軍卿不在中兼任ヲ仰付ケ」られた。

翌一八年、内閣制度が発足すると、こんどは兼職の方を本職とすることになり、「海軍大臣　陸軍中将伯爵　西郷従道」の名刺をつくった。昭和の目からみるとずいぶん不思議な人事だが、幼児期海軍の当時は、それほど奇異なことでもなかったのだろう。

でも、さすがに、成長して少年期も終わりに近い明治二〇年代末にはこれではおかしくなったのか、彼はジェネラルの馬から降り、フル・アドミラルとして海軍省のボスの椅子にすわりなおした。

というわけで、第一号海軍大将は陸軍からの鞍がえだったが、第二号も、これまた引っ越しアドミラルであった。明治一六年、陸軍少将で警視総監の地位にあった樺山資紀が海軍大輔としてネービー入りをし、翌一七年、海軍少将に転官した。日清戦争のときは海軍中将に昇っていた。

後方で作戦指導する軍令部長の地位にありながら「西京丸」に座乗し、黄海海戦に連合艦隊のシリ叩きに参加する。敵水雷艇の魚雷で、二度までも危うく沈められそうになったが、かろうじて脱出生還したのは有名なはなしだ。戦後の明治二八年五月、任海軍大将である。

ついでに書くと、第三号は日清戦争の連合艦隊司令長官伊東祐亨サンで、昇任は明治三一年九月。例の日本海海戦の立役者東郷平八郎大将は第五号、戦中の明治三七年六月の進級だった。

明治期大将は薩摩が独占

少将、中将にあがるのも容易ではなかったが、さらに海軍大将へのゲートは一段と狭き門になっていた。

日本海軍やく八〇年の歴史のなかで、フル・アドミラル進級者は七七人である。このうち六人は死去による特別昇進だったので、純粋に生存中、大将への栄進は七一名だった。その特昇六人のなかで、五人は太平洋戦争で戦死した海軍中将。先記したところだが遠藤喜一、南雲忠一、高木武雄、山県正郷それから伊藤整一の方々だ。

こんな例は、かつての日清、日露戦争にはない。いかに今次の大戦が激しかったかがわかろうというものだ。ほかにも中将で戦死したが、大将特進を奏請されなかった人が四人いた。宇垣纏、角田覚治、鈴木義尾、西村祥治の四方。どうして進級しなかったかの理由は、「戦死しても大将になれず」に書いたので、ここでは省こう。

もう、あと一人の死去特進者は川村純義《すみよし》というアドミラルなのだが、名前をご存知だろうか。前にも出したことがあるが……。海軍創設期の功労者で、天保七（一八三六）年生まれの〝薩人〟である。

明治二年に兵部大丞、七年八月には海軍中将となり海軍大輔も兼ねた。すなわち海軍次官だ。勝海軍卿の退職後は大輔のままその事務をとり、実質的に当時の海軍の実権を握った。一一年五月、卿に任じられるのだが、まったく権勢を手中におさめ、いわゆる〝薩閥海軍〟の起源をつくったのはこの人物といえる。

ともかくも、日清・日露を勝ち抜く明治海軍の土台をこしらえた功績は大きかった。中将のまま予備役に入っていたのだが、明治三七年一二月死没のさい、政府はとくに海軍大将に任じて功に報いたのだった。戦死でなく、しかも予備の中将をフル・アドミラルに進級させたのは、あとにも先にもこの例のみである。

大正末からは、中将までだった機関科将官が兵科将官に統合され、エンジニア・オフィサーも大将まで昇進しうることになった。が、たてまえはそう改められても終始、未来の海軍大将の候補者は以前にも書いたように、兵科将校グループのなかにだけ存在していた、といってよかろう。

最後のフル・アドミラルは兵学校三七期から出ている。もし、海軍があと一、二年存続したと仮定すれば、このクラスからもう一、二名、大将が出たかもしれない。

しかし、建設期のころは当然のことながら、兵学校出身者いがいから大将が生まれている。第一号の西郷サンはいわずもがな、名前を列挙してみると32表のようになった。こうやってならべてみると、明治時代の海軍の首脳部を、あらかた薩摩が占めているのにあらためて驚かされる。東郷サンは「ウースター号」というイギリスの商船学校の出身だ。

32表　兵学校出身以外の海軍大将

氏名	大将昇進	出身地
西郷従道	M.27.10. 3	鹿児島
樺山資紀	M.28. 5.10	〃
伊東祐亨	M.31. 9.28	〃
井上良馨	M.34.12.24	〃
東郷平八郎	M.37. 6. 6	〃
威仁親王	M.37. 6.28	（有栖川宮）
川村純義	M.37. 8.12	鹿児島
柴山矢八	M.38.11.13	〃
鮫島員規	M.38.11.13	〃
瓜生外吉	T. 1.10.16	石川
依仁親王	T. 7. 7. 2	（東伏見宮）
博恭王	T.11.12. 1	（伏見宮）

明治も四〇年以降になると、大将進級のぜんぶが海兵出身者になる。だが例外的に、瓜生外吉大将はいったん兵学寮へ入ったのだが、アメリカへ留学してアナポリス兵学校を卒業している。皇族のお三方も、ハイカラにあちらの海軍で修業された。こういう、兵学校外の出身者はあわせて約四三五名にのぼった。

けっきょく、海兵では一期から三七期までが、六五人の海軍大将の温床であった。苗として育てられた人数はおよそ二六六〇名におよぶ。したがって、七七名のフル・アドミラルを生み出した母体は、前後を通じ総計三〇九五名ほどになる。昇進率は二・五パーセントだ。

海軍へ入るときは、みなさん「ひとはた揚げて、海軍大将になってやろう」と意気ごんだのであろうが、それはじつに険しく、難渋な、長い道のりであった。

大将の定年

昭和海軍で、海軍大将になれる人がそれになる年齢は、およそ五三歳から五七歳くらいのあいだであった。少尉任官いらい三四年から三六年ばかりの年月がかかっている。最後の海軍大将といわれた、あの井上成美提督の進級は五五歳のとき、任官後三五年たってからだから、もっとも平均的な経過を歩んできたといえるだろう。

中将へ進級するには少将を三年、少将へ進級するためには大佐で二年……というように、中将昇進までは各階級ごとに進級停年がきめられていた。だが、大将へあがる階段にはそういう規定はなかった。

といって、ぜんぜん制約がなかったわけではなく、太平洋戦争開戦までは「中将を六年」が内規としてあったようだ。しかも、日華事変なかごろまでは、満六年を経過し七年目中将の四月前後、桜の花の咲くのと同時に自分の肩章にも桜章が一つふえるのが、一般的大将コースだった。

だから、毎年一月一日付で発行される「現役海軍士官名簿」の中将の部、それも最先頭の方に七年目のバイス・アドミラルとして名前がのれば、もう海軍大将栄進確実の予告のようなものであった。ここまできて、フル・アドミラルへのステップを踏みはずした提督はいない。

ただし、開戦二年前からは時勢の影響で早められ、六年経過で大将昇進者が現われ出した。塩沢幸一、大臣も総長もやった及川古志郎の両提督がそうだった。塩沢サンは山本五十六大将と海兵同期だが、山本サンより一年はやく進級したのである。

戦争中はさらにスピードがあがった。ＧＦ長官で殉職した古賀峯一大将や近藤信竹、高須四郎、野村直邦、沢本頼雄、塚原二四三、井上成美の各提督は「五年半」の中将実役での大将昇進だった。

そして、海軍大将の「現役定限年齢」は六五歳だった。平均寿命が七〇ン歳といわれる今どきとちがい、人生五〇年といわれたころの六五歳だから、ずいぶん長い定年だったわけである。ついでに書けば中将は六二歳、少将は五八歳だった。

しかし、その定年いっぱいまで現役にねばるタイショーはまずいなかったようだ。元帥になると「永久現役」制だからこれは別として、六二、三歳のお年までにはリザーブに編入されるのがふつうだった。それに、佐官以下の一般軍人には許されないことだったが、「将官ハ……本人ノ願ニ依リ之ヲ予備役ニ服セシムルコトヲ得」の規定もあったので、みずからの意志で現役をひく人もいたのだ。

高橋三吉、藤田尚徳、米内光政の三提督は海兵二九期の同期生だった。大将に進級したのは高橋、藤田の両氏が昭和一一年、米内サンの進級は昭和一二年と、一年あとであった。一つのクラスから三人もフル・アドミラル誕生は珍しい。

のちに侍従長にえらばれるほど澄明な人柄の藤田サンは、三人の同期大将がいつまでも海軍に居すわるのは、後進の道をふさぐことになると考えたようだ。そこで高橋大将と語らい、「あとは米内に働いてもらおう」と話をまとめ、二人して予備役編入を願い出たのだという。一つの佳話として残っている。

大将栄達への条件

ならば、エリート中のエリートであるフル・アドミラルにはどんな人材がえらばれたのだろう。兵学校時代、候補生時代を含めれば、四〇年ちかい海軍生活の荒波を乗りきった末に栄進するのだから、途中一度でもつまずくと失点を回復するのは困難だったようだ。

明治・大正の古い昔は一応おいて、昭和に入ってから海軍大将進級の栄誉をかちえた提督の、大尉以後にはしったコースをふりかえってみることにする。戦死後昇進者をのぞいて、33表のように三二名いるのだが、栄達するための条件といったものが見つかるかもしれない。

まず、その前に、スタート地点である〔兵学校の卒業成績〕はどういう意味をもったのであろうか。

たいていの行政官庁や現場機関をかかえる官庁、それから国内有数といわれる大企業などでは大学卒の新人を採用するさい、将来の高級幹部要員は他と類別して優秀者をとり、そのように育成することが多いようだ。つまりは、指折りの高名大学卒でしかも採用試験成績の良い者を、ということになる。

かつての海軍では、海兵卒業成績の良好者がそういう部類の人々に相当したであろう。かれらの能力はすぐれており、その卒業時序列を維持するため懸命の努力を継続し、また努力を傾けうる健康を保持した。また当局も、それが可能なよう、いわゆる「計画人事」によってかなりの配慮をしたといわれている。そんな彼らに最後の栄冠が輝いたのではあるまいか。もちろん、人為ではいかんともしがたい運、不運によって左右されることも否定できないのだが。

34表に彼らの成績状況を示してみた。三二名中、海兵を上位一割以内で卒業したフル・アドミラルは六

33表　昭和期誕生の海軍大将

氏名	大将昇進	氏名	大将昇進
加藤寛治	S. 2. 4. 1	加藤隆義	S.14. 4. 1
安保清種	S. 2. 4. 1	長谷川清	S.14. 4. 1
百武三郎	S. 3. 4. 2	及川古志郎	S.14.11.15
谷口尚真	S .3. 4. 2	塩沢幸一	S.14.11.15
山本英輔	S. 6. 4. 1	山本五十六	S.15.11.15
大角岑生	S. 6. 4. 1	嶋田繁太郎	S.15.11.15
山梨勝之進	S. 7. 4. 1	吉田善吾	S.15.11.15
小林躋造	S. 8. 3. 1	豊田貞次郎	S.16. 4. 4
野村吉三郎	S. 8. 3. 1	豊田副武	S.16.9.18
中村良三	S. 9. 3. 1	古賀峯一	S.17. 5. 1
永野修身	S. 9. 3. 1	近藤信竹	S.18. 4.29
末次信正	S. 9. 3. 1	高須四郎	S.19. 3. 1
高橋三吉	S.11. 4. 1	沢本頼雄	S.19. 3. 1
藤田尚徳	S.11. 4. 1	野村直邦	S.19. 3. 1
米内光政	S.12. 4. 1	塚原二四三	S.20. 5.15
百武源吾	S.12. 4. 1	井上成美	S.20. 5.15

34表　昭和期海軍大将の海兵卒業成績

卒業席次	人数
10％以内	20
20％以内	8
30％以内	1
40％以内	0
50％以内	2
60％以内	1

三パーセントを占めている。「当然だろうな、やはり」という数字である。だがそのうち、首席卒業者は六名、二番は七名だった。びっくりするほど多くはない。

　学力優秀者ぞろいといわれた江田島のなかで、激甚な競争に打ち勝ってクラス・ヘッドの座を占拠するのは、容易なわざではなかったであろう。卒業後、からだに不調をきたすものもわりあい多かったようだ。

　そしてまた、こういうトップ・グループで学業成績をきそう若者たちのなかには、そのあまり、ややもすると将来、最高級指揮官たる統率者としては、適格とはいいがたい人物になってしまうこともあったといわれる。〝将に将たる器〟ではないということか。中将、少将まではクラスの先頭をきって進級してきたのに、これからというとき、中途で間引かれてしまう人もあったのだ。

　逆に、三割以下の大将が四人（一三パーセント）もいる現象は、海軍人事がスタート時の成績にだけとらわれるのでなく、その後の努力と実績と人物を見抜いて抜擢していく、公正人事であった証拠にもなろう。

　34表中、最下段、六〇パーセント以内欄のアドミラルはあの米内光政大将だった。海兵卒業成績は一二五人中、六八番とかんばしくなかったが、昭和二〇年夏、激震に見舞われた海軍を磐石の重みで押さえつけ、微動？　もさせずに終戦に持ちこんだ大提督であった。

海大は大将への必須コース

いま、フル・アドミラルへの栄達と海兵卒業成績のかかわりについて少々書いた。では、海軍大将の最高階級へまで昇りつめたオフィサーは、江田島出立その後、どのような航路をはしったのだろうか。

大尉から中佐にかけてたずさわる専門術科は、砲術、水雷、航海、潜水艦……とりどりだ。陸に上がれば学校、海軍省、軍令部そのほかのお役所や外国勤務と、役人づとめの種類も多い。一人一人の経歴は千差万別となるのだった。

だが、フル・アドミラルへ至るまでの各人のコースをよく点検してみると、そのなかにかなり共通項も多いのである。まえと同じく、昭和に入ってからの大将昇進者三二名についてあたってみよう。こんな結果が出てきた。

まず〔海軍大学校甲種学生〕の履歴だが、この課程をふんでいない人はたったの三人だった。加藤寛治、安保清種、それから野村吉三郎。しかし、加藤サンは海軍軍令部第三局（のちの第三部）局員の大尉時代、海大を受験し抜群の成績で合格しているのだ。なのに、直後の明治三二年五月、突然、ロシア留学を命じられ、海大入校はフイになってしまったのである。彼の海兵卒業成績は一番だった。

安保大将は加藤大将と兵学校同クラスの一八期生。こちらは海大を受験したのかしなかっ

日米交渉で苦悩する
野村吉三郎大使
(昭和十六年)

たのかよく分からないが、中佐になってからイギリスに留学、本家の海軍大学で修業している。まあ、わが海大卒と同等の学歴ということになろうか。

いま一人の野村吉三郎提督には有名な伝説がある。「海大へ行ったって、だれが俺に教えるというんかい」とうそぶいたという例の話だ。だが、ホントのところはすこしちがうようだ。海兵二六期を二番の恩賜で卒業した野村サンも、やはり海大を受験し、最優秀の成績で合格していた。

明治四〇年一二月、軽巡「千歳」の航海長に任命された前後のはなしらしいが、あとは身体検査を待つばかりだったという。ところが、そのとき海外派遣将校を送る予算が若干残っており、急遽、彼がその一人に選ばれたのだ。派遣国はオーストリアとドイツだった。オーストリアは大海軍国ではない。出かけるにしてもはっきり定められた任務はなく、要するに長期のヨーロッパ見学・視察だったようだ。

満三年以上におよぶ海外生活だったが、のちに国際派提督とよばれるようになるいしずえは、このころ築かれたといえるだろう。帰国後はただちに、第二艦隊・軽巡「音羽」の副長を命じられている。長いアチラ暮らしをしたあとなど、すぐ海上に引っぱり出し、海にドブ漬けして潮気をつけなおすのも、よく見られる海軍式人事のやり方だった。

ともかく、こういうわけで、三人の海大不進学にはそれなりの理由があった。

日本の海大が創られたのは明治二一年だったが、真に海軍大学校らしい海大制度に変わり始めたのは明治三〇年からである。そして、後年まで誇り高くつづく「甲種学生」の名称ができたのは明治四〇年だった。

したがって、加藤サンたちが入ろうとした三〇年代の海大は、「枢要ノ職員若ハ高級指揮官ノ素養ヲナス為メ」の教育を行なう大学校への発展・過渡期にあたっていた。だから、すでに成績きわめて優秀な彼らを、当時はまだその程度だった海大へ送りこむことに、「何を措いても」というほどの意義を、海軍もみとめていなかったのではあるまいか。

しかし、甲種学生制度が軌道にのるとともに事情は変わる。他の二九人全員が卒業しているという事実は、明治末以降は、ここでの教育をきわめて重要視していたということであろう。

少将まではともかく、中将進級には大事なファクターに数えられた。とくに、昭和海軍においては、それは海軍大将昇進への必須条件になっていたといえよう。ただし、海大卒業成績がことさらに影響するといったことはなかったようだ。三二人中、首席は小林躋造、豊田貞次郎、豊田副武の三人だけ、野村直邦大将が次席卒業にすぎなかった。

欧米勤務と艦長経験

フル・アドミラルは、そこへ到達するまでに、〔全員が欧米生活〕の経験をもっていた。「欧米へ行った」といっても、練習艦隊などでチョコッと覗いてまわったのは含まない。一ヵ所に何ヵ月、何年と定住勤務したか、一地から一地へと陸上に寝ぐらを移しながらある一定期間、視察旅行をしたようなことをここではいうのだ。

大使館や公使館付海軍武官はほとんどが少将か大佐、おなじく武官補佐官には中佐、少佐、大尉クラスが任命されていた。

ほかに、勉強のため留学する人などには駐在員の名がかぶされていた。武官と武官補佐官は兵科将校のみに限られていたが、駐在員の部類には機関科将校もいたし、軍医官や主計官の佐官・尉官も含まれていた。

アメリカ通といわれた山本五十六大将などは、少佐のときハーバード大学留学のため駐在員で二年、大佐になって武官として二年、ワシントン暮らしをしている。

さきほどの野村吉三郎大将も海外生活が長い。オーストリア・ドイツ行きの前に「三笠」

回航のため一年近く英国に住んだし、アメリカ大使館付武官が四年半ばかり、のちさらに、数ヵ月、ワシントン会議へ全権随員としても顔を出している。

しかし、いまの三二名のなかには、こういう華《はな》の勤務にめぐり合わない人もいた。だれしも一度は、洋人にまじってハイカラ生活をしてみたかったであろう。将来、大成するには得るところも大きいはずだ。そこで、こんなチャンスのなかった優秀士官には、「欧米各国を巡遊して、軍事視察をしてこい」という命令の出されることが多かった。高橋三吉大将なんかはそのくちである。

五、六人でパーティーを組み、なにを視てなにを学んでくるかは、自分たちで立案したようだ。だから、内容は多分にごほうび的で、「よく働いたから、まあ、西洋をひとまわりして来たまえ」といった性格でもあったらしい。で、別名「鳩旅行」とも呼ばれていた。

期間はおよそ一〇ヵ月くらい。ごほうび的といっても、各人の専門や得意とする方面の視察・研修を忘れてはならなかった。たいていは古参中佐か大佐の時分に命じられたが、人選は兵科だけでなく各科にわた

っていた。

最後の連合艦隊司令長官だった小沢治三郎中将も、中佐のときの鳩旅行組。ドイツに滞在したときは、ジュットランド海戦について熱心にしらべてまわったというはなしだ。

ところが、なかに、欧米勤務どころか鳩旅行にも行かせてもらえなかった大将がいた。たった一人、吉田善吾サンだ。のちに連合艦隊司令長官、海軍大臣の両方をつとめるほどの人物だったのに、これはまたどういうわけだったのだろうか。もの事にはなんでも例外があるというものだ。

日本海軍には、兵科将官になるためには大佐時代、艦長の経験をもつことという内規があったようである。すくなくとも昭和一ケタまではそのようだった。それも、明治の昔は、人事局長をやった鈴木貫太郎大将の回想によれば「艦長ヲ以テ二年ノ海上実歴」を必要とする、きびしいきまりであったらしい。

したがって、この三二名の大将がた、ひとりの例外もなく「キャプテンの経歴」をお持ちだった。それはそうだろう。軍艦は海上部隊の戦術的基本単位だったのだから、その所轄長の体験なしには、将来、司令官や司令長官の職務をまっとうすることはできまい。

でも、彼らの艦長歴は豊かな人、きわめてとぼしい人、まちまちだった。一年一隻、それを二隻つとめるのが常例だったが、沢本頼雄大将の二年半で軽巡「天龍」重巡「高雄」戦艦「日向」は豊富なほうだった。隻数でいちばんこなしたのは、米内サンの「春日」「磐手」「扶桑」「陸奥」の四隻だった。

反対にもっともプアーなキャプテン歴は、野村吉三郎大将の「八雲」艦長一ヵ月弱である。それも在役艦ではなく予備艦。のちに〝アドミラル外交官〟といわれる人だが、尉官、佐官時代すでに海外勤務が多く、中佐以後、連合艦隊勤務はまったくなく、艦隊決戦用の提督ではなかった。将官に進ませるため、内則に定められた経歴を形式的につけさせたのではあるまいか。

昭和一〇年ころからは、こういう制約はゆるめられたようだ。『オフィサー物語』のときにも書いたことだが、特攻創始者といわれる大西瀧治郎中将も、高木惣吉少将も、山本GF長官の先任参謀黒島亀人少将も、報道部の名スポークスマン平出英夫少将も艦長経験なしに将官へ昇ったオフィサーなのだ。

小沢大将実現せず

それから、少将、中将時代に、海上部隊の〔司令長官、すくなくも司令官の経歴〕をもつことも必要だったようだ。だがそれは、艦長歴のように絶対必要条件ではなく、艦隊や戦隊のシチやシカの閲歴なしにフル・アドミラルになった人は三二名中、三人いる。安保清種、山梨勝之進、豊田貞次郎。

安保提督は軍令部第一班長（第一部長の前身）や次長の椅子にもすわり、のちに海軍次官や大臣もつとめている。だが、将官になってからの海上経歴はないのだ。山梨サンはワシントン、ロンドンの両軍縮会議をまとめあげるのに陰で尽力した軍政アドミラル。軍令系統ではもちろんなく、少将以後の艦隊生活はぜんぜんない。

豊田貞次郎大将も軍政系の大物で、海兵、海大をトップで出ているのだから、頭脳はしごくシャープだったのだろう。次官のとき、大将になると同時に予備に入り、その後は商工大臣やら外務大臣、軍需大臣になったりと、そういう面でも有名な人物である。少将以後の海上勤務なし。

しかし、軍政系統だからといってどの将官も海上に出ないわけではない。むしろ、この三人は珍しい例だ。この系統の山本五十六大将も、少将時代に一航戦司令官の采配をふり、六年目中将のときGF長官に出ているのだ。

軍令、軍政、どちらの系統の提督も海上で働くことは、元来、船乗りである海軍軍人の本業だったのである。

最後の海軍大将が生まれたのは、昭和二〇年五月一五日だった。終戦のちょうど三月まえだ。海兵三六期の塚原二四三中将と三七期の井上成美中将の二人。前年の暮れごろからそういう進級の動きはあったようだが、曲折があって実現しなかった。

昭和一九年一二月二〇日付で、最先任中将だった高橋伊望提督が予備役に編入されたので、二〇年に入ってからは塚原サンが最先任、井上サンがその次、という順番だった。二人とも六年目中将である。大戦中で進級が早められていた当時、閲歴からいっても大将進級は当然の人事だった。もっとも、井上サン自身が言うように、「負けいくさ　大将だけはやはり出来」というような見方をするならば、これはまた別の話になるが。

そして同じころ、小沢治三郎中将の大将進級も考慮されていたのだといわれている。米内海軍大臣は小沢「大将」を実現させ、連合艦隊残存兵力だけにとどまらず、鎮守府部隊、警備府部隊など全海軍部隊を統合指揮させようとしたのだという。

だが小沢治三郎サンは、「自分に、そんな資格なし」と固辞したのだそうだ。かれは井上成美大将と同期であり、その井上サンからじかに聞いたという証言があるのだから間違いなかろう。

では、なぜ、小沢サンはせっかくの大将栄進ばなしを断わったのだろうか。サイパン沖、レイテ沖での敗退をきびしく自省して、「負けいくさ　大将だけは」におちいるのを避けたのか。

だが、こうも推量できる。さきほどの古参中将の順位のつづきをみると、井上サンのあとに、海兵同期だが中将進級が一年おそかった小松輝久、草鹿任一、大川内伝七、それから小沢治三郎と四人が連続していた。

将官になってからの進級には〝抜擢〟はない。〝淘汰〟だけだ。となると、井上サンのほかに、もし小沢中将ひとりを昇進させるためには、上位の小松、草鹿、大川内の三アドミラルは必然的に予備役に編入されなければならなかった。

当時、草鹿中将は南東方面艦隊長官としてラバウルに孤立し、大川内中将は南西方面艦隊長官としてフィリピンに閉じこめられ、内地との交通は不如意になっていた。

予備役に編入された場合はただちに召集、現職務をつづけなければならなかったはずである。

そうなれば、草鹿サンや大川内サンは小沢長官の指揮をうけるばかりでなく、軍令承行令上、こんどは一転して、数年も若い現役中将の後塵をはいさなければならない。智の提督であると同時に、情の武人といわれた小沢サンには、最前線に取り残されている四〇年来の旧友に、そのような過酷な運命をさらに強いてまで、自己の栄達を望む気持になれなかったのではあるまいか。

大礼服から正装へ

戦前の古い写真をひっくりかえしていると、文武の顕官高官たちが、文字どおり金ピカのキラビヤカな服装に威儀を正して、居ならんでいるのにお目にかかることがある。戦後、民主主義の世の中になってからはとんとみられないが、この豪華な服がいわゆる大礼服だ。

「正装」をした東郷平八郎元帥。右手に持っているのが仁丹帽。

文官と、陸軍武官と、海軍武官とではそれぞれその仕様がちがっていたが、ここではもちろん海軍のはなしになる。

いま、〝大礼服〟といったが、昭和海軍では上着とズボンを別々に、「正衣」「正袴」とよぶのがホント。そして、正衣と正袴を身にまとい、「正帽」をかぶり黒の「短靴」をはいて「長剣」をもった晴れ姿が「正装」とよばれる服装であった。

どんな服だったかは、大方のみなさんご承知だろうが、例をあげれば、あの東郷元帥を描いた絵や写真に典型的な図がみられる。大勲位菊花頸飾をはじめとする飾りきれないほどの勲章をつけ、〝仁丹帽〟と俗にいわれる正帽をかぶった姿だ。

なぜ正帽を仁丹帽というかは、ジンタンのトレード・マークを思い出していただくとすぐわかる。ああいう形をしていたのだ。ところでこの帽子、イギリスの海将ネルソンのかぶっていたシャッポにも似ているでしょう。だから、日本海軍では〝ネルソン帽〟ともいっていた。もし、どうしても実物を見たければ、東京なら、九段は靖国神社の遊就館へ行くと、南雲忠一大将の正装用品が陳列されている。

では、なぜ正衣とか正袴とかの言葉があるのに、大礼服といっていたのか。

もともとは、この服、じつは大礼服のほうが正規の名称だった。明治八年の大むかし、「海軍武官及文官服制」が太政官布告で出されたとき、少尉以上に大礼服、礼服、常服それから略服の制式がきめられ、同時に、そういう服の着用法とか、いつ、どういうときに着るかも定められたのだ。

明治新政府は、その五年一一月に、官吏の服制をヨーロッパ式に改めた。従来の衣冠のかわりに大礼服を制定し、たとえば、文武百官が参内して天皇に年賀のことばを申し上げる「朝拝」の儀のときなどに着る服装とした。海軍もこれにあわせて、重要な儀式用に「大礼服」をこしらえたというわけなのである。

　正衣、正袴や正装という新用語がつくられたのは、大正三年の「海軍服制」改正のときだった。だから、大礼服という用語には、それまでに四〇年ちかい長い歴史があったのだ。ついでに言うと、この改正で、われわれにもなじみのふかい、紺の「軍衣袴」を着る「第一種軍装」、白の「夏衣袴」を着る「第二種軍装」なんぞの言葉もつくられた。

将官の正装には「飾緒《ナワ》」を

　太平洋戦争まえまで、正装は、各科少尉以上の士官だけのものだったが、こんな凝りにこったフル・ドレスを装うことは、現場である艦船部隊ではめったになかった。

一月一日の四方拝《しほうはい》、二月一日の紀元節、天皇誕生日の天長節、一一月三日の明治節、そして陸上の学校などでも、しかるべき行事が行なわれる「祝日」の遥拝式のときが、まず筆頭の着装日であった。

ほかには、天皇がお出でになる観艦式に

参列したり、見学するとき、あるいは一般に華族や文官が大礼服を着用するさい、歩調をあわせて着るぐらいのもののようだった。また、こういう公的な重要儀式以外では、自分の結婚式と両親・祖父母の葬式には「正装ヲ為スコトヲ得」と許されていた。カンコンソーサイは私的な一大行事だからである。

生地は紺ラシャ、タテ襟・エン尾型のつくりに金糸、銀糸のモールや線《スジ》で飾りたてた美々しい服だ。ひかり輝く袖章とともに、〝エポレット〟ともいわれる正肩章がアクセントをつけるように肩にのっかる。ただし、このエポレット、大尉以上にならないとその周辺に金色《こんじき》のフサフサがつかない。ヤットコ中尉や少尉の正装姿は、それでなくても勲章類が胸にないので、いささか肩先、あごの下がさびしかった。

アドミラルになると、右肩エポレットのフサフサの下に「飾緒」を吊るすので、一段とキラビヤカさが加わった。参謀が得意げに軍服にかざる、あのナワである。ただし、将官が、正装にナワをしばりつけるようになったのは明治二八年からで、それも、はじめは将校である将官にかぎられていた。

そういう、チョッと差別的な服制状況は長いこと続き、軍医中将とか造船少将とかの相当官アドミラルは、飾緒をかざされなかった。それが改められ、科を問わず将官すべてに飾緒佩用が規定されたのは、定かではないのだが、日華事変なかごろ以後であったらしい。大戦中の経理学校長で、ナワを下げた正装姿で写っている主計科将官の写真があるのだ。

ところで、正装には長剣がつきものだが、これはどんなふうに携帯するのが正しい作法だったとお思いだろうか。黒革製の、表面に縞《しま》織り金スジの入った正剣帯を服の上からしめてはいるが、じつは、これに吊るすのが正規ではなかった。「長剣ヲ佩用スルトキハ正剣帯又ハ剣帯ノ鉤緒ヲ延ハシタル儘左手ニテ剣柄ヲ握リ之ヲ垂下スルヲ例トス」

機会があったら、正装を着こんだおエラ方の写真を見ていただくとよい。ほとんど例外なく、こういう剣の持ち方をしているはずである。歩くときだって、そう。そして、なにも金ピカ姿の場合だけとはかぎらず、ふだんの軍服でも長剣はこのように持つのが原則だった。もちろん、そうはいかないときもある。「抜剣シタルトキ又ハ左手ニテ物品ヲ携帯スル必要アルトキ其ノ他時宜ニ依リ其ノ上環ヲ剣帯ニ鉤スルコトヲ妨ケス」であった。

しかしながら、夏のくそ暑い時季に、いかに重要な公式行事だからといって、この重々しい紺ラシャ製・正装を着せられては、相当がまん強い人でもたまるまい。そこで夏場は、白服の第二種軍装で代用することになっていた。ただし、短剣ではなく長剣をもつのだ。

靴も白の半靴《はんか》ではなく、正規どおりに黒の「半靴」で軽っぽさを消す。ここで蛇足を加えておくと、海軍でいう半靴とは、いまわれわれがはいている短靴のこと。ネービーでの「短靴」とは、くるぶしまで入る〝目なし靴〟とか〝村長靴〟とも呼んだ、深靴《ふかぐつ》のことなのだ。

現在、生き残りの元海軍士官で、正装を身にまとった経験のあるオフィサーは、もうすくないのではあるまいか。というのは、戦時には正装や礼装、通常礼装といった事あらたまった服装はしない規定になっていたからだ。

昭和一二年に日華事変が始まり、その翌一三年七月に勅令が出されて、「……当分ノ間海軍軍人ノ正装……ヲ為スベキ場合ニ於テハ……軍装ヲ用フルヲ例トス」と定められている。以後、オフィシャルには、最後までついに、こんなケンランたる衣裳を着飾る機会はこなかった。

功一級は将官のみ

フル・ドレスにはデコレーションがつきものであろう。勲章のない大礼服なんて、何とかのないコーヒーであり、画龍点睛を欠くというものだ。とはいえ、皇族身位令により、特別に年少のうちから授勲される宮様はべつとして、さっきも書いたように、ぺーぺーの新品少尉のうちから勲章をぶら下げている士官はいない。

あのころの官吏は、べつにきわだった勲功がなくても、長年、お上につとめたということだけで「勲等ニ叙セラレ勲章ヲ佩用セシメラレル」定めになっていた。いまでもそうだが、「勲等」には上は一等から下は八等までの段階がある。軍人に縁のふかい勲章は、旭日章と瑞宝章だったが、旭日章はおもにその人の功績を表彰する意味をもっており、瑞宝章のほうはつとめた年功を彰す意味あいが強かった。

したがって、平時、海軍士官のもらう勲章は瑞宝章だったが、オフィサーの場合は、八等、七等をとばし、「初叙」されるのは六等からのきまりになっていた。そして、年功章だから、奏任官・少尉に任官してから「満一四年半以上」たって、授与されることになっていた。

けれど、候補生時代の年数の半分がつけ加えられたし、また艦船に乗っていると、警備地勤務があったりでその加算がつき、実際はずっと早く勲章がもらえた。ふつうは大尉のなかば頃に、「瑞六」すなわち勲六等瑞宝章が胸間に輝く例が多かったようだ。

それに、満州事変以後は、年功のうえに戦功をあげた士官には、定期叙勲でも、瑞宝章でなく「旭六」といわれる勲六等単光旭日章授与の士官もふえていった。勲等が同じとき、旭日章のほうが瑞宝章より格が上位だったのである。

〝武功抜群〟の者にだけ授けられる金鵄勲章は、軍人最高の名誉勲章だった。それだけに、瑞宝章みたいに、年がたてばだれもがもらえるというわけにはいかなかった。これの等級は、功一級から功七級までだ。

金勲の場合も初叙等級がきまっていて、尉官は功五級、佐官が功四級、アドミラルは功三級に分かれていた。上限もきめられており、尉官では功三級まで、佐官は功二級が行きどまりになっていた。したがって、最高の功一級金鵄勲章は将官にならない

35表　功一級金勲受賞のアドミラル

日露戦争関係	日華事変関係
伊東祐亨　大将	博恭王　大将
東郷平八郎　〃	米内光政　〃
山本権兵衛　〃	長谷川清　〃
片岡七郎　〃	及川古志郎　〃
上村彦之丞　〃	
伊集院五郎　〃	
太平洋戦争関係	
山口多聞　中将	山県正郷　大将
山本五十六　大将	市丸利之助　中将
古賀峯一　〃	伊藤整一　大将
南雲忠一　〃	有賀幸作　中将
有馬正文　中将	大田実　〃
岩淵三次　〃	

とダメということになる。海軍で功一級を頂戴した人々は35表のとおり、ぜんぶで二一名だ。太平洋戦争での受章者が断然多い。長い、たいへんな戦争ではあったのだが、それにしても多すぎ……の感がしないでもない。

書き落としたが、勲等にも最高限度がきめられていて、中少尉は五等、少佐大尉は四等、大中佐が勲三等まで、少将は二等でストップ、大中将は制限なし、ということであった。

「菊花頸飾」は二人だけ

せっかくいただいた勲章は飾らなければ意味がない。だが、勝手にどんな服にも、どこにブラ下げてもよいというわけにはいかなかった。大礼服でも軍服でも、勲四等や功四級以下の勲章は左胸に、幅一寸ほどの「小綬」とよばれるヒモで吊るすのが作法だった。旭日章と瑞宝章の綬は紅白の織物だが、金鵄勲章は地が緑で両端に白線の入った綬である。

勲三等と功三級は、これは今でも写真でよく見かけるが、服のノド元に吊り下げる方法だった。古手の中佐ぐらいから上のおエラ方になると、たいてい、瑞三にしろ旭三にしろ、首にくっつけていた。いろいろある勲章の佩用方式のなかで、この勲三と功三が、なんだか戦前の子供の七五三みたいで、いちばんカッコーの悪いやり方ではなかったろうか（持っていない人間のヒガミか?）。

勲二と功二、これは形もズンと大きくなり、右胸にピンで止めつける。勲二等を左胸につける場合もあるが、それは勲一等の副章であることを示していた。だれでもよいのだが、たとえば、ふつうの軍服を着た米内サンの大臣時代の写真なんかで、こういう例が見うけられる。軍服に最上級の勲章一個、これは軽易な礼服だったのだ。

勲一等あるいは功一級を授けられると、はじめて「大綬」というタスキみたいな帯で吊るすのだ。旭一と瑞一は右肩から大綬をかけて左脇下に勲章を下げ、功一級は逆に、左肩から右脇へとかけて金勲を吊るすのだ。なお、勲一等旭日章にだけ旭日桐花大綬章と旭日大綬章の二通りがある。前者のほうが上位で、大綬は紅の織地、両側に白線が走っており、後者ではその色が反対、ふちが紅色なので、すぐ見分けがつく。

さらに、勲一等の上におかれる、わが国最高の勲章が、今も当時も、大勲位だ。明治憲法下、華族や文武の高位高官連が参内したとき、その着席の順序「宮中席次」では、大勲位がまっさきになる。そのまた筆頭が、「大勲位菊花頸飾」の所有者で、そのつぎが「大勲位菊花大綬章」をもっている人、という順序だった。

菊花頸飾を授けられたアドミラルとなると、広い海軍でもさすがにすくない。東郷平八郎元帥と、海軍育ての親といわれ日露戦争を海軍大臣として戦った山本権兵衛大将の二人だけだ。東郷サンの正装姿の写真では、たいていこのクビカザリをかけているので、どんな形かはご承知の方のほうが多かろう。

一段下の菊花大綬章は、いくらか多くなる。西郷従道、伊東祐亨、樺山資紀、加藤友三郎、井上良馨、斎藤実、最後が山本五十六GF司令長官の七人だった。どなたも大将がただが、全員、死去もしくは危篤になってから贈られた高位勲章であった。山本権兵衛大将への菊花頸飾もそうで、けっきょく、存命中、達者な姿で大勲位を保持した臣下は、海軍では東郷元帥ひとりだけである。

男子皇族は陸海軍へ

ちっぽけなわが国が「大日本帝国」と名のっていた時代、皇族、とくに男子の宮様がたはとりわけ陸軍、海軍に縁がふかかった。なぜか。

ときは明治のはじめ、ご一新の大業はようやく成ったが、日本をとりまく世界の形勢はこの小国に、人的にも物的にも急速な海陸の兵備を要求した。それにはまず、皇室が率先して範をたれなければならない、と明治天皇は考えられ、こんな沙汰が出された。

「明治六年一二月九日　宮内省

皇族ハ自今海陸軍ニ従事スヘク被仰出候条　此旨可相達事

但年長ノ向ハ此限ニアラサル事」

この趣意によって、以後、相ついで宮様が軍籍に編入されることになるのだが、海軍への第一陣は華頂宮博経《ひろつね》親王と有栖川宮威仁《たけひと》親王のお二方だった。

博経親王は、この沙汰の出されるまえ、明治三年にアメリカ海軍兵学校へ留学していたが、練習艦上での怪我がもとで発病、勉学中途で帰朝し、九年五月二四日には亡くなってしまわれた。逝去直前の一三日に、つき出しで海軍少将に任じられており、多分に名目的ではあったが、わが海軍七番目の少将だった。

威仁親王のほうはイギリス帰り。明治三七年六月に七番目の海軍大将に進級し、のち、大正二年七月、亡くなられたときに元帥の称号をあたえられている。

さらに、また、明治四三年三月、「皇族身位令」が公布されて宮様の身分や地位がしっかり規定されると、やんごとなき方々のうち男子の進路はつぎのようにきめられた。

「第一七条　皇太子、皇太孫ハ満一〇年ニ達シタル後陸軍及海軍ノ武官ニ任ス

親王、王ハ満一八年ニ達シタル後特別ノ事由アル場合ヲ除クノ外陸軍又ハ海軍ノ武官ニ任ス」

これで、戦前、男の宮様のほとんどが軍人であった理由がお分

36表　海軍へ出身した皇族

宮家名	氏名	海兵期	最終階級
華頂宮	博経親王	米国留学	少将
有栖川宮	威仁親王	英国留学	大将・元帥
東伏見宮	依仁親王	英・仏留学	大将・元帥
山階宮	菊麿王	19期	大佐
伏見宮	博恭王	ドイツ留学	大将・元帥
有栖川宮	栽仁王	36期	少尉
((北白川宮))	小松輝久	37期	中将
伏見宮	博義王	45期	大佐
山階宮	武彦王	46期	少佐
伏見宮	博忠王	49期	中尉
久邇宮	朝融王	49期	中将
高松宮	宣仁親王	52期	大佐
((伏見宮))	華頂博信	54期	大佐
((山階宮))	鹿島萩麿	54期	大尉
((伏見宮))	伏見博英	62期	大尉(戦死少佐)
((朝香宮))	音羽正彦	62期	大尉(戦死少佐)
((久邇宮))	龍田徳彦	71期	大尉
賀陽宮	治憲王	75期	生徒
久邇宮	邦昭王	77期	生徒
((久邇宮))	宇治家彦	京大・物理科	技術大尉

注：((　))内は臣籍降下前の宮家名

かりになったであろう。なお、当時の皇室典範での「親王」は、皇子から、孫の孫にあたる皇玄孫までで、第五世以下は「王」とよぶことに規定されていた。が、規定以前の、いわゆる〝宣下《せんげ》親王〟といわれた宮様は引き続いて、たとえば閑院宮載仁《ことひと》親王のように親王の呼称を許されていた。

というわけで、昭和二〇年の敗戦までに、36表にかかげた二〇人の方たちが海軍に出身された。これらの宮様は、どなたも兵科将校への道を進まれたのだが、ただ一人、そうでない方があった。

久邇宮多嘉王のご二男・家彦王は皇族身位令にある、どういう「特別ノ事由」があったのかはわからないが、陸士、海兵へのコースはとらずに京都大学理学部物理学科へ入学された。その後昭和一七年、卒業と同時に臣籍へ降下、宇治家彦伯爵として新たに家をおこし、技術科士官として海軍に入られた。兵科へ行かれなかったのは、あるいは健康上の理由でもあったのか？　異色の宮様出身テクニカル・オフィサーである。

船乗りアドミラル・博恭王

「皇族だからといって、特別な扱いをするのはできるだけ避ける」というのが海軍の基本方針だったようではある。とはいえ、明治憲法下、天皇と〝密〟〝疎〟のちがいはあっても、一族・親籍の関係にある殿下方を、ほかの一般軍人とまったく無差別平等に遇することは不

可能だった。

大正天皇の第二皇子である高松宮が海兵に入学されたのは大正一〇年、第五二期生徒としてだ。学科のうち軍事学は他のキャデットとならんで授業をうけるが、数学とか英語などの普通学はお一人で個人教授。武道なんかも一般生徒とコミで稽古するのではなく、二、三人の同期生を相手に別のところで指導をうけたのだそうだ。夏になって、みんなが喜々として励む水泳訓練も別行動だった。

一日の日課が終わって赤レンガの生徒館に帰ると、自習は分隊員と一緒にされるが、寝室は、となりに小部屋が用意されていた。食事、入浴はもちろん単独である。土曜日午後の大掃除も、殿下は〝随意〟ということで参加されることはなかったらしい。例の兵学校名物「棒倒し」もいつも見学で、ご参加はなかったというはなしだ。

なにしろ〝直宮《じきみや》〟殿下なので、学校当局やお付き武官も大いに気をつかったのだろう、クラスや分隊の他生徒からはかなり隔絶された孤独な海兵生活を送られたようである。棒倒しにしても、なかには参加される宮様もあった。しかし、たとえ上級生でも殴る蹴るは天下御免の荒勝負だが、相手が宮様ではだれしも手出しを遠慮する。それをよいことに、ポカポカ拳骨を振り回して暴れる殿下生徒もあったという。

昭和海軍を語るさい、はずすことのできない人物に伏見宮博恭《ひろやす》王がある。九年以上も軍令部総長の要職にあったのだが、この方は文字どおり「海の宮様」の呼び名にふさわしい、海上経歴の豊富な、船に強いロイヤル・アドミラルだった。艦長を三バイもつとめ、お世辞ぬきで艦の操縦も上手だったらしい。

ドイツの兵学校、艦船、海大で四年ばかり修業されたアチラ仕込み。高貴な身分であるにもかかわらず、質素でかつ海上での勤務はきわめて厳格であったようだ。

二F長官時代、お付き武官が宮の健康を考え、食事の内容を考慮しようとした。だが宮は、「艦内生活は不自由なのが本来、食事も自分のために食費がかさむようでは大尉級幕僚に気の毒だから、宮給食費をなるべく超過しないように」と心を配られた。艦隊が入港するときも、麾下の艦艇がぜんぶ定位置に投錨するか、あるいは指定の浮標《ブイ》に係留しおわるまでは、どんな寒空でも、けっして艦橋を降りられなかったそうだ。

けれど、そんな宮様にもやんちゃな少年時代があった。ドイツ留学前は江田島の兵学校に在学していたのだが、殿下用宿舎のそばに柿の木があった。秋になり、おいしそうな実が熟

しはじめると、博恭王は食べたくてしかたがなかった。しかし、殿下は木登りができなかった。そこで友人の森山生徒に、

「登って、取ってくれないか」

と頼んだが、森山生徒はときどき見回りにくる教官に見つかると困るからと断わった。

「自分が番をしているから大丈夫だ」

とのたっての言葉に森山が木に登ったとたん、教官がやってきた。すると殿下は、いちはやく官舎の中にかくれてしまい、樹上の森山生徒だけが大目玉をくらうはめになってしまった。

この生徒サン、後年の森山慶三郎中将。のちのちも、「殿下はズイブンひどい」と伏見宮の前でぼやいたそうだ。

宮様も中佐までは平民なみ

36表を見かえすと、アドミラルに昇進した宮様は臣籍降下の方を含めて六人である。五〇期以降の殿下では当然としても、それより前のクラスの出身者に佐、尉官でおわった方の多いのは、いずれも若いうちに亡くなられたり、病気で現役をひかれたからだ。したがって、健康で長く在役されたならば、当時の皇室への表敬事情からして、おそらく全員、将官に進んだであろうことは間違いあるまい。

ならば、そういう宮様の進級スピードはどうだったのか。

博恭王は江田島二〇期中退なのだが、このクラスからは大将は出ていない。だが、日露戦争のとき、旅順閉塞隊へ二回参加で勇名をとどろかせた斎藤七五郎中将がおり、前の一九期からは百武三郎、谷口尚真の両大将が誕生しているので、このあたりとスピードをくらべてみよう。

三人ともクラスでは、トップ・グループで進級している。しかし、明治なかばから大正にかけてのこの古い時代、宮様でも少佐になるまでは〝臣民〟と同じ昇進速度で士官街道を歩いていたようだ。そして中佐以降になると、各階級で一年くらいずつ早く昇っている。結局、フル・アドミラルになるときの博恭王は、百武、谷口両大将よりも五年はやい、大正一一年の最高階級昇進だった。

海軍最後の大将、井上成美サンと同級生北白川宮輝久王は、明治四三年少尉任官の海兵三七期生。任官と同時に小松家を創立して華族サマ小松輝久侯爵になったのだが、この方の進級スピードはまったく平民なみであった。

士官社会では、大尉までは病気そのほかよほどの事情のないかぎり、クラス全員が同時に進級する。差がつきだすのは少佐になるときからだった。トップ・グループで進撃していく井上サンは、大佐昇進のとき小松侯爵より一年はやくのぼっている。

とどのつまり、昭和二〇年五月、このクラスから大将昇進者が出たとき、それは井上サン一人だけだった。宮様と元宮様のちがいなのだろうか？　といっても、小松中将の進級は第二グループの首位ではあった。

博恭王の子息がたは四人ともみな海軍へ進まれたのだが、さすがは海の宮様一家。長男伏見宮博義王は兵学校四五期の卒業だった。日華事変には第三駆逐隊司令として出征されたのだが、気管支ぜんそくの持病があり、昭和一三年一〇月に急逝されている。

ところで、さきほどの輝久王の場合、海兵卒業時の席次は二六番。はっきりとハンモック・ナンバーが打たれていた。が、のち、海軍の皇族取り扱い方針が変わったのか、博義王以下の時代になると、クラスの最右翼に別格的存在として位置づけられた。

この位置はその後も変化しない。だから博義王も、クラス・ヘッド中村勝平氏のその一番上のハンモック・ナンバーで、同期と一緒に昇進していった。亡くなられたときは、ちょうどトップ・グループの大佐進級直前だったので、宮も海軍大佐に特殊進級している。

朝融王の超特急進級

いまの皇太后のお兄様である久邇宮朝融王《あさあきら》は、戦時中、「空の宮様」としても知られた方

だ。元来はテッポー出身だったが、中佐のとき、飛行艇の横浜航空隊副長へ転任して以来、ずっと航空関係勤務がつづいた。あの予科練教育の元締め、第一九連合航空隊司令官をつとめられたりしたが、海兵は第四九期の卒業。進級も博義王の場合と同様、クラスの第一梯団の先頭に立つ快適航行ぶりだった。

にもかかわらず、そのころ陸軍では、皇族の進級は特別扱いでグンと速く、海軍の宮様より若年でありながら逆に階級が上、という現象も起きていたという。そこで海軍部内でも、進級に関しては特別に考慮すべきであるとの意見ももち上がったらしい。

しかし、海軍将校はたんに統率力だけでなく、一定の海上勤務をつんで、それぞれの階級にふさわしい技量を磨かなければ、艦艇を操縦し、海上部隊を指揮することはできないので、「陸軍と同様にはなし得ない」との論が勝ったようだ。

博恭王、小松侯爵、博義王、どなたも一般士官にくらべて段違いに進級がはやい、ということがなかったのは、こういう考えが底に流れていたからと思われる。

ところが、朝融王は大佐になるとき、二年の中佐実役で昇進した。これは、アッと驚きの出来ごとだったのである。昭和一四年一一月の人事異動時、兵学校八年の先輩を飛びこして、最先頭での大佐進級であった。日華事変下でもあったし、ほかにも理由があったかもしれないが、陸軍の皇族に歩調を合わせようという意見も、そうそう無視できなかったのであろう。

そして、少将へは大佐を満二年で、昭和二〇年五月の海軍中将進級へは少将を二年半でと、超特急列車なみのスピードで駆け上がった。もしかすると、皇后陛下の兄弟ということのおかげか？

第五二期生の高松宮もそうだった。中佐進級までは、クラス・ヘッドの一つ上のハンモック・ナンバーで進級してきたが、宮も朝融王同様、二年の中佐で昭和一七年一一月、大佐昇進だった。このころはもう大戦下だったので、同期の者も進級がはやまり、トップ・グループは二年の遅れで殿下に追いついている。

その後、海軍少将に、という話が何回かあったが、ご本人はそれを断わっておられたということだ。朝融王の例からみて充分ありうるはなしだが、もうそんな自身の栄達になぞかかずらっていられる時勢ではないと、お考えになったのかもしれない。

というあんばいで、「宮様もできるだけ、一般士官にちかいお取り扱いをする」を基本とした海軍だったが、太平洋戦争ちかくになってからは進級速度をだいぶはやめた。しかしそれも、中佐以上の階級になってからだったようである。

例がすくなくて断定はできないのだが、なかんずく、元宮様だった華族士官は、伏見宮家から降下の華頂博信侯爵、伏見博英伯爵、そして朝香宮からの音羽正彦侯爵にしても、中級士官では、ぜんぜん一般士官と同じ進級スピードであった。

しいて、皇族士官、皇族出身士官の一般士官との処遇上のちがいをあげるならば、叙勲とか叙位、授爵の点においてであったろう。

軍令部総長に指揮権なし

「軍令部総長には、連合艦隊司令長官に命令を下したり、指揮したりする権限はなかった」というと、「そんなバカな」と、あるいは反発をくうかもしれない。陸軍の参謀本部とならぶ、海軍の軍令部といえば、「国防用兵ノ事ヲ掌ル所トス」と定められた統帥の総元締めである。そこの親玉が総長だったのだから、かれには連合艦隊への命令権があったと解釈されても、それはまあ、しごく当然だろう。しかし、実際はそうではなかった。

いささか理屈っぽくなって恐縮だが、連合艦隊司令長官は、「軍政ニ関シテハ海軍大臣ノ指揮ヲ承ケ又作戦計画ニ関シテハ軍令部総長ノ指示ヲ承ク」と、艦隊令という法令のなかで規定されていた。

あのころの組織では、「帷幄ノ機務ニ参画シ軍令部ヲ統轄ス」る軍令部総長は、陸軍と海軍の大元帥である天皇を、作戦に関して補佐する、つまり幕僚の長だった。海軍のなかでのつながり上は、軍令部総長もGF長官も、それぞれ天皇に直接むすびつく配下で、並列する存在といえた。すなわち、タテ、上下の関係でつながっていなかったのだ。

陸軍では、たとえば、師団の参謀が前線へ出向き、自分の判断にもとづいて命令を発する〝参謀指揮〟もあったそうだ。だが、海軍ではそういうことはなかったし、許されていなかった。

艦隊や戦隊での参謀は、司令長官や司令官を佐《たす》ける〝影の存在〟にすぎない。参謀長とか先任参謀以下の幕僚として、訓練計画や作戦計画を立案する。決定は長官や司令官の役目だ。ただし、決定案を麾下部隊に説明するのは幕僚の仕事だった。たとえ参謀長であっても、みずからの意志で指図することはできなかった。せいぜい、艦長や司令へのアドバイスまでだった。

だから、この仕組を海軍の上下ぜんたいにひろげて考えればわかる。作戦、用兵に関して、軍令部は、天皇という「最高の軍隊指揮官」の命令を、連合艦隊などへ伝える機関だったのである。指揮権はもたない。

とはいえ、その命令すなわち「大命」そのものは、天皇ご自身がつくるわけではない。艦隊で、司令部幕僚が立案したと同様に、軍令部第一部（作戦部）で、海軍えりすぐりの俊才たちが頭脳をしぼって命令案をたてる。それを天皇に奏上し、裁下ねがってから、天皇の名のもとに軍令部総長がGFや艦隊、鎮守府へ「伝達」していたわけだった。

だが、伝達といっても、それはあくまでも形式上のこと。なかみは軍令部でこしらえたのだから、実質的には軍令部総長の命令といえた。だから、例をあげれば、こんな具合にそれは下達される。太平洋戦争の開戦が決意されたとき、

大海令第九号

昭和一六年一二月一日

奉勅　軍令部総長　永野修身

山本連合艦隊司令長官ニ命令

一　帝国ハ一二月上旬ヲ期シ米国、英国及蘭国ニ対シ開戦スルニ決ス

二　連合艦隊司令長官ハ在東洋敵艦隊及航空兵力ヲ撃滅スルト共ニ敵艦隊東洋方面ニ来攻セハ之ヲ邀撃撃滅スヘシ（以下略）

というようなあんばいに、GF長官に大命が下されていた。大元帥からの「以下のことを、朕に代わって命令せよ」という〝勅《みことのり》〟を〝奉〟じて伝達するので、これを奉勅命令と称していた。

しかし、こんな大筋だけの命令だけでは戦はできない。そこで、「細項ニ関シテハ軍令部総長ヲシテ之ヲ指示セシム」という付言がなされ、〝指示〟という名のもとに、総長は実質的、具体的な作戦〝命令〟を下していたのだ。

総長と長官どっちが上？

軍令部総長も連合艦隊司令長官も、両者ともに、規定では大将か中将が任命されることになっていた。

軍令部がたんなる大元帥の幕僚機関であったなら、総長、GF長官のどちらがエラくてもさしつかえはない。だが、いま書いたような大命伝達、指示の性格からすると、軍令部総長のほうが、たとえ法令上の指揮権はなくても、身分上、上位になくては困ったのではあるまいか。

昭和になってからの総長とGF長官の序列をあたってみると、37表のような状況になっていた。どの年度をながめても、軍令部総長のほうが、兵学校の卒業では一期から十数期先輩、例の前後のヤカマシイ士官順位でも、一ないし数番はGF長官が後になっている。

やはり、これでなくては〝伝達〟という名の包装紙にくるまれた命令は、実施部隊側へスムーズにとどかなかったであろう。

総長は大中将と書いたが、じっさいはあらかた大将ばかりだ。大正のはじめごろまでは、東郷平八郎大将をのぞいて、中牟田倉之助、樺山資紀、伊東祐亨、伊集院五郎、島村速雄といった古参中将が任命され、就任後ほどなく大将に進級する例がほとんどだったのだが、昭和期ではご覧のとおりだ。

したがって、連合艦隊長官卒業後に、軍令部総長に進むケースも多かった。37表の八人のうち、そんな経路を通ってきたのは、終戦時、総理大臣をつとめた鈴木貫太郎、艦隊派の旗がしらとして名をうった加藤寛治、穏健派に属する谷口尚真、のちに元帥になった永野修身、

37表　昭和期の軍令部総長と連合艦隊司令長官

年度	軍令部総長					連合艦隊司令長官				
	氏名	海兵期	専門術科	期間	士官順位	氏名	海兵期	専門術科	期間	士官順位
S. 1	鈴木貫太郎	14	水雷	T.14. 4.15～S. 4. 1.22	7	加藤寛治	18	砲術	T.15.12.10～S. 3.12.10	10
S. 2	〃				7	〃				10
S. 3	〃				6	〃				9
S. 4	加藤寛治	18	砲術	S. 4. 1.22～S. 5. 6.11	7	谷口尚真	19	——	S. 3.12.10～S. 4. 11.11	9
S. 5	〃				5	山本英輔	24	——	S. 4.11.11～S. 6.12. 1	9
S. 6	谷口尚真	19	——	S. 5. 6.11～S. 7. 2. 2	7	〃				8
S. 7	博恭王		——	S. 7. 2. 2～S.16. 4. 9	3	小林躋造	26	砲術	S. 6.12. 1～S. 8.11.15	11
S. 8	〃				2	〃	26			9
S. 9	〃				2	末次信正	27	砲術	S. 8.11.15～S. 9.11.15	9
S.10	〃				1	高橋三吉	29	〃	S. 9.11.15～S.11.12. 1	10
S.11	〃				1	米内光政	29	〃	S.11.12. 1～S.12. 2. 2	11
S.12	〃				1	永野修身	28	〃	S.12. 2. 2～S.12.12. 1	5
S.13	〃				1	吉田善吾	32	水雷	S.12.12. 1～S.14. 8.30	12
S.14	〃				1	〃	32			12
S.15	〃				1	山本五十六	32	砲術	S.14. 8.30～S.18. 4.18	11
S.16	永野修身	28	砲術	S.16. 4. 9～S.19. 2.21	2	〃				9
S.17	〃				2	〃				8
S.18	〃				2	古賀峯一	34	砲術	S.18. 4 .18～S.19. 3.31	11
S.19	嶋田繁太郎	32	砲術	S.19. 2.21～S.19. 8. 2	8	豊田副武	33	砲術	S.19. 3.31～S.20. 5.29	9
S.20	及川古志郎	31	水雷	S.19. 8. 2～S.20. 5.29	6	〃				9
S.20	豊田副武	33	砲術	S.20. 5.29～S.20.10.15	9	小沢治三郎	37	水雷	S.20. 5.29～S.20.10.10	20

無条件降伏をがえんぜず抗戦をさけんだ豊田副武の五人だ。

　ところで、「軍令部総長」という名称は、昭和八年一〇月一日から。それまでは〝海軍〟がついて〝総〟のない「海軍軍令部長」といっていた。

　陸軍に参謀本部がつくられ、統帥事項が省から分離したのは、建軍早々の明治一一年一二月だった。範にとったドイツ流の制度にしたがったわけだ。イギリスを師とした海軍でも、明治一七年二月から軍令系統の事務を扱う「軍事部」を設けたが、こちらは規模も小さく、海軍省の管轄下においていた。

　明治一九年三月、条例が改正されて参謀本部のなかに陸軍部と海軍部がおかれ、陸海両国軍の用兵を統合、運用することになった。一見、それは合理的なシステムにみえたが、このときの参謀本部長は有栖川宮熾仁《たるひと》親王、陸軍大将だ。となれば、海軍の統帥も陸軍に牛耳られることになる。海軍にとっておもしろいわけがない。

以後、海軍の軍令機関は、陸軍の干渉から離れるためいくたの変遷を経はじめる。「参軍」官制をしいて、その下に「海軍参謀本部」として独立する。だが、ふたたび省内へもって「海軍参謀部」になる。また分離し、日清戦争直前の明治二十六年五月、「海軍軍令部」として昭和までつづく独立機関になったのだ。

海軍軍令部は、参謀本部と頭をならべる存在になった。とはいっても、海軍の組織のなかでは、軍令部の権限は参謀本部のもつ権限よりずっと小さかった。大臣は軍令部長にたいしても、いぜんハバをきかせていた。

これは、こんどは海軍軍令部の内部に不満を生んだ。その不満が、ついに堰を切ったのがロンドン軍縮会議のさいの、例の統帥権干犯問題だ。部内は荒れにあれて、強引につくられたのが、新「軍令部」であり「軍令部総長」であった。海軍伝統の軍政優位は崩れた。

軍令部という新名称に変えるについて、こんな話がある。改名を言い出したのは海軍軍令部なのだが、海軍省は反対、そして陸軍までがイチャモンをつけたらしい。

しかし、ときの海軍軍令部第一班長嶋田繁太郎少将が、「軍令部といえば海軍にきまっている。どうしても〝海軍〟をつけさせたければ、参謀総長の上にも〝陸軍〟をつけろ」といったとかで、参謀本部側の文句は引っこんだそうだ。

GF長官こそ武人の本懐

連合艦隊司令長官。それは海軍兵科将校最高、最大の憧れだったとはよく聞くところだ。山本五十六大将は体質的にアルコールにきわめて弱かったため、平素はまったく酒をたしなまなかったそうだ。なのに、海軍次官からひさしぶりに海上へ転ずることになり、それも「GF長官に」と告げられたときは、莞爾として冷たいビールをあおったという。嬉しさは、われわれの想像を絶するものだったのだろう。なにせ、日本海軍艦隊決戦用実力部隊の最高指揮官だったのだから無理もない。

第二艦隊やほかの艦隊司令長官には、中将が通り相場として任命されていた。だが、第一艦隊兼GF長官には、37表の中では一三人中、四人が大将になってからの補任だ。あと九人が中将なのだが、最古参かその一年前の、すなわち七年目、六年目の古狸バイス・アドミラルが補せられていた。したがって、その在任中に、マストてっぺんの将旗を大将旗にかえるのがふつうだった。

艦長や隊司令とか、一般の艦隊長官や戦隊司令官などの海上勤務は、平時は一ヵ所に一年が通常だ。ところが、GF長官は二年間つとめるのが内規だったそうである。37表をもう一度見ていただくとそれがわかる。

海上防衛のあらかたの責任を、一身に背負わなければならない重大さから、そうくるくる換わってはまずい、と判断されたからであろう。

米内光政サンがＧＦ長官になって、「これが最後のご奉公、太平洋で思いっきり訓練に邁進する」と喜び、張りきったのは昭和一一年一二月だった。ところが前期訓練にかかる直前、たった二ヵ月で海軍大臣に転補されてしまった。「最大の名誉の連合艦隊司令長官から、一軍属になるのはじつに無念」と悔しがったそうだが、さもありなん。ＧＦが常設されるようになってから最短の長官だった。

いっぽう、最長在職記録をつくったのは山本五十六大将である。あたりまえなら、昭和一六年秋にお次と交代のはずだったが、とてもそんな状況ではなかったのはご承知のとおり。大戦争に飛びこんで心身をすりへらすように戦い、就任三年八ヵ月後に戦死した。

総長、ＧＦ長官は鉄砲屋優先？

「○○提督は軍政系だが、△△さんは軍令系の大立物だ」なんぞという言い方をすることがある。中将、大将の最高官になるまで、そのアドミラルがどんな配置、経歴を歩んできたか、での色分けだ。少佐以後、兵科将校も陸上勤務の機会がふえてくる。その場合、海軍省たとえば軍務局とか人事局、教育局あるいは外局の艦政本部などでのポストは、軍政系統の配置といわれた。これにたいし、作戦、軍備、情報にたずさわる軍令部での勤務が、いわゆる軍令系の配置だ。

といっても、軍政系だけあるいは軍令系だけの勤務に一方づくことはすくない。そんな色彩の強い配置をより多く通ってきた、という程度の意味あいである。

なかには、軍政・軍令双方のポストをほぼ均等に歩いた人もいた。海軍大臣にすわったあと、GF長官それから軍令部総長へと、〝海軍の三顕職〟をぜんぶ経験した永野修身元帥の佐官以後は、このくちといえるだろう。

それでも、連合艦隊司令長官には、多くは、軍令系のソーソーたる提督が補職されるのではないか、と思われるだろうが、そういうことはなかった。37表のGF司令長官を過去の経歴で類別してみると、大まかだがこんなふうになる。

軍政系――小林躋造、吉田善五、山本五十六、豊田副武

軍令系――加藤寛治、末次信正、高橋三吉、米内光政、古賀峯一

軍政・軍令系――谷口尚真、山本英輔、永野修身

軍令系、軍政系がほぼ半々なのだ。ただ一人、小沢治三郎中将の閲歴をたどってみると、この人はほとんど海上勤務ばかりである。少将までは本省にも軍令部にも縁はなく、陸にあがったときは、海大や水雷学校といった学校勤務だけ。中将になって、はじめて軍令部次長のお鉢がまわってきた。典型的な船乗りだ。強いて分類すれば、〝海上派〟とでもするのが適当だろうか。

海上は、軍令とか軍政のいずれを問わず、健康な一般兵科将校の本来的、第一の職場なのだ。そして兵学校入校いらいおよそ四〇年もかけて、多数の人材のなかから二・五パーセン

トばかりの少人数を選び出したのが、海軍大将だ。であれば、海軍最高首脳が占めなければならない配置には、エリート中のエリート、フル・アドミラルのだれをもっていってもつとまらなければならないはずのものであった。それが海軍大将であった。

また、若い尉官時代に修業した砲術とか水雷とかの専門術科も、ＧＦ長官になるについてはゼーンゼン関係がなかった。なるほど37表によれば、四分の三は砲術出身者が占めている。しかし、フル・アドミラルにまで大成する人には、わりあい早い段階で術科レベルでの配置から抜け出し、より総合的で高次の職務についていく士官が多いのだ。

一例をあげれば山本五十六ＧＦ長官がそう。もともとはテッポー出身だったが、砲術学校高等科学生卒業後、砲術長配置は巡洋艦「新高」での一回だけだ。同期の吉田善吾長官にしても、水雷屋でありながら、第二水雷艇隊の艇長を経験したのみで、駆逐艦長や戦艦、巡洋艦の水雷長ポストについたことはまったくない。

軍令部総長銘々伝抄

海軍軍令部長とか、その名を改めた軍令部総長というと、なにか軍令系統を歩んできたアドミラルの最終・最高ポスト、といった感じをうけるかもしれない。だが、これもGF長官と同様、そういうことはなく、軍政出身や軍政・軍令両方にまたがった提督も就任した。昭和期に入ってからのこの顕官は、37表に掲げたように八人だった。人数もすくないので容易だから、彼らの経歴をザッと斜めに見ていってみよう。

まずは鈴木貫太郎サン。終戦時の総理大臣だったので、この大将の名を知らぬ人はあるまい。日清役では水雷艇長として威海衛の夜襲に乗りこみ、日露戦争には駆逐隊司令で働いた「鬼貫太郎」の異名をもつ〝剛勇〟の士だ。

むろん水雷屋出身で、大佐時代、戦艦「敷島」ほか三隻の艦長をこなしている。将官になってからは第二艦隊のなかの分掌司令官、練習艦隊司令官、さらに第二艦隊、第三艦隊の司令長官、そして第一艦隊兼GF司令長官を務めた典型的な海上武人だった。

陸上では、軍令部勤務は、少佐のとき第一局（後年の第一部）局員をつとめただけ、あとは人事局長や海軍次官、兼軍務局長といった軍政系統のアドミラルだ。そんな経歴でか、呉鎮長官在任時、海軍大臣にという話が持ち上がったが、「私は戦争することだけは専心努力してきたけれど、政治的な仕事は嫌いなのでせっかくですが」と断わってしまった。

GF長官も、本人はまったく予想していなかったそうだが、さらに海軍は貫太郎サンを休ませず、山下源太郎大将の後釜として海軍軍令部長に据えたのだった。

つぎの加藤寛治大将は軍令系の提督である。といっても、軍令部勤務はそれほど多くはない。大尉のころの第三局（後年の第三部）局員と中将のときの次長勤務だけ。ただ、海軍省には、副官兼海相秘書官の椅子についたほか、課長や局長には配置されなかった、というていどの意味の軍令提督だ。

一九三〇年東郷邸の
加藤寛治大将

大佐時代、「筑波」、戦艦「伊吹」「比叡」の艦長、少将で五戦隊司令官、中将になって第二艦隊司令長官から第一艦隊兼連合艦隊長官へ進んだのだから、豊富な海上経歴といってよいだろう。

彼の下で、GFサチの職にあった高橋三吉のち大将の言葉によると、「高橋参謀長に一切をやらせる。サチの言うことはすべて俺の言うことだ」と、加藤長官は幕僚たちに宣言したそうだ。大綱だけを握って、小事は下僚にまかせて口出ししない。日本人のいちばん好きな〝司令長官タイプ〟である。

この方式で高橋サチの案画する、かつて例のない猛訓練をやった。だから、加藤大将は猛訓練の元祖といえたが、それだけに軍備にもストリクトな考えをもっていた。軍令部長になってから、次長の末次少将の策動もあったのだが、いわゆる統帥権干犯問題で海軍を分裂させる牽引車になり、あげく、部長の職を辞任してしまった。「強硬派」とか「艦隊派」とかいわれる、一方の旗頭たるゆえんだった。

かわって就任した軍令部長が谷口尚真提督。加藤大将たちの対極に位置した「穏健派」に属するアドミラルだったが、一般には、あまりこの人の名は知られていないようだ。

佐官時代に軍令部参謀や第三班長（のちの第三部長）をやり、海軍省の副官をつとめた。少将になってからは、人事局長のポストに三年もすわって、省と部をバランスよく歩いている。軍縮条約にたいする中正な考え方も、こんな閲歴から生まれているのかもしれない。

海軍省先任副官はそのころ、週一度、新聞記者と共同会見する定めだった。ところが最初、彼はその座にのぞんでもいっこうに口をきこうとしなかった。しかたなく記者の一人が話題を見つけて、解説をもとめた。すると、「僕は大臣から、諸君と会見せよとは命じられているが、しゃべれとは命令されていない」と答えたそうだ。これには、さすがの記者連中もあぜんとしたという。

こういう重厚（すぎる）な武人肌の人物だったので、部内でも重視され、ＧＦ長官から軍令部長へと進んだのだった。東郷元帥の信任も厚かったといわれている。

伏見宮総長

ずっと過去を眺めてみると、歴代軍令部長職の在任期間は、海軍のポストとしては長いほうだった。自分からやめた加藤寛治部長は別として、東郷平八郎大将以後、短い人で四年前後、長い例では島村速雄大将の六年七ヵ月がある。

総長は天皇の海軍幕僚長として、「帷幄ノ機務ニ参画」し、「国防用兵ノ計画ヲ掌リ」「軍令部ヲ統轄ス」るのを職務とするきわめて重要な存在である。だからかれは、海軍統帥の表徴、看板でもあった。であれば、毎年毎年、安直にかけかえるわけにはいかなかったのであろう。

だが、谷口軍令部長の名札は、わずか一年七ヵ月ほどではずされてしまった。よく知られているように、強硬派にかつぎ出された伏見宮と交代させられたからだ。それは無理やりといった状態であったらしい。

伏見宮は長かった。途中、昭和八年九月に「海軍軍令部条例」が「軍令部令」と改定され、海軍軍令部長はたんに軍令部総長と改称されたが、前後をあわせて通算、九年二ヵ月の在職だった。体調がよかったなら、もっと頑張るつもりではなかったか。

伏見宮の経歴は、まったく海軍軍人本来のあり方に徹したもの、といってよかったろう。日露戦争のとき、「三笠」の砲台分隊長で戦傷をうけたあと、軍務局へ数ヵ月勤務したり、

海大選科学生として在学したほかは、佐官時代のあらかたは海上勤務である。「朝日」「伊吹」艦長を経て将官になってからも、横鎮艦隊司令官、第二戦隊司令官、第二艦隊司令長官と、じつに潮気たっぷりの宮様だった。

　したがって、伏見宮も強いていうならば、小沢治三郎中将と同様に〝海上派〟とよべるだろう。操艦も堂に入ったものだったという。

　その宮様が辞めたいと言い出されると、さっそく後任者を選ばなければならなかった。当時、昭和一六年春の時点では、伏見宮は士官順位で一番、すなわち日本海軍のナンバー・ワンだった。つづく二番は軍事参議官永野修身、三番同じく百武源吾、四番も同じく加藤隆義、五番は台湾総督になっている長谷川清、六番に海軍大臣の及川古志郎、そのあと七番に支那方面艦隊司令長官の嶋田繁太郎の各大将が名をつらねていた。

　候補になるのはまず軍事参議官だ。人事権を握っている及川海相は、たまたま次官代理をつとめていた井上成美中将の意見を参考に、ナンバー・ツーであり先任軍事参議官である永野大将を第一候補と考えたようだ。

永野サンはテッポー屋にして軍政・軍令両テンビンの提督。軍務局員、人事局員、人事局第一課長、軍令部第三班長、軍令部次長と華麗なコースを歩いてきた。ただ艦長経験は貧しかった。大戦艦などは全然なく、チッポケな軽巡「平戸」のケップ一回だけだ。でも、少将になってからは第三戦隊、第一遣外艦隊、練習艦隊司令官と順調に進んでいる。

いっぽう、伏見宮自身が後継者として推薦してきたのも、ほかならぬ永野大将だった。大臣の意見とピタリ。この人事はさしたるゴタつきもなくきまったようである。海軍大臣、GF司令長官にすわったあと、軍令部総長に栄進したのだから、さすが、海兵二番のエリートの驀進ぶりはちがったものだ。

ところが、着任およそ半年後、周囲の期待に反して、永野総長は戦争か避戦かの鍵を開戦側に回してしまった。

戦争が始まってからの、軍令部総長交代劇はめまぐるしかった。それでも、永野総長は嶋田海相の兼任で降ろされるまで二年一〇ヵ月、序盤、中盤期を戦った。終盤期になってからの嶋田総長期間はわずか半年、超大物大臣米内大将の一声で及川大将と交代させられた。

さらに及川総長も、一〇ヵ月後、豊田副武大将へと猫の目のように変わった。四年たらずのうちに四人もの統帥部長。相手側アメリカの海軍作戦部長は、一九四二年二月から四五年一二月まで、キング大将が全戦争期間を一人で通したのと、きわめて対照的だ。敗戦への傾斜が、こんな裏側からものぞかれる。

それはともかく、嶋田大将も及川大将も海軍大臣経由の総長なのだが、どちらも育ちは純粋に軍令系のアドミラルだった。反対に、最後の豊田大将は軍政色の強い提督だ。

けっきょく、昭和の海軍軍令部長、軍令部総長八人のうち、色分けすれば、軍政系二人、軍令系三人、軍政・軍令系二人、海上系一人ということになろう。ただし、いずれの出身の提督も、海上経験は豊かであったといえる。

海軍総司令長官

ところで日本海軍では、戦時、強力な実力部隊のあらかたは連合艦隊に編入されていた。だが、ほかにも外戦部隊として支那方面艦隊があり、また、内戦部隊として鎮守府部隊や警備府部隊があった。そんな艦隊や部隊は、それぞれのボディーにそれぞれの頭をもち、たがいに、指揮関係の上では直接の関連はなく、独立していた。

しかし、昭和一九年夏にサイパンを失い、秋、「捷」一号作戦に失敗してからは要《かなめ》になる連合艦隊の水上部隊はなくなり、いよいよ本土に火のつく形勢となってきた。もう、外戦部隊も内戦部隊も区別はない。

そういう区分は、一九年七月以来すでに廃止されていたが、各艦隊、各部隊がバラバラに、しかもめいめいの作戦担当範囲に重複が生ずるような戦い方は、じつに無駄である。そこで発案された方式が、「海軍総隊司令部」の設置による全海軍部隊を一丸とする、統一指揮だった。そして、その指揮官を「海軍総司令長官」とよぶことにした。

「海軍総司令長官ハ天皇ニ直隷シ、作戦ニ関シ連合艦隊、支那方面艦隊、鎮守府、警備府、商港警備府及海上護衛総司令部ノ司令長官ヲ指揮ス
総司令長官ハ軍政ニ関シテハ海軍大臣ノ指揮ヲ承ケ又作戦計画ニ関シテハ軍令部総長ノ指示ヲ受ク」

実施は昭和二〇年四月二五日からときまった。そのころまだ、GF長官だった豊田副武大将が海軍総司令長官を兼務し、草鹿龍之介参謀長やほかのGF司令部職員も総隊司令部職員を兼ねることになった。

だが、それから間もなく、米内海相が最後の海軍最高首脳部布陣として打ちだしたのが、豊田副武「軍令部総長」、小沢治三郎「海軍総司令長官兼連合艦隊司令長官、海上護衛総司令長官」の発令だった。昭和二〇年五月二九日。しかし、ここにはしなくもやっかいな問題が生ずることになる。

豊田長官は、四月二五日のとき、士官順位ではナンバー九の中堅どころ大将。部下指揮官に大抵のだれをもってきてもビクともするものではなかった。だが、小沢中将になるとそうはいかない。二〇年五月二九日現在で、小沢サンの士官順位は一八番、中将だけでも彼より上位者が三人もいたのだ。

『オフィサー物語』を読んでいただいた方にはお分かりだろうが、当時の軍令承行令のもとで、下位の兵科将校が上位・先任の兵科将校を指揮することは、許されることではなかった。

〝小沢総司令長官〟を実現させるためには、総隊内トップの人事改造を断行しなければなら

なかったのである。

支那方面艦隊長官は近藤信竹提督だったが、大将なのでいうまでもなく留任はダメ。軍事参議官に転補して内地に帰還させ、その後任には高雄警備府司令長官の福田良三中将が移された。福田中将は小沢サンの海兵一年後輩、士官順位も二一番（昭和一九年七月の時点で）ほど彼より後だったので具合がよい。

高雄警備府長官の後釜には、志摩清英中将が親補された。たまたま、第五艦隊の解隊で、長官から軍令部出仕に補されていたからだ。志摩中将は小沢サンの三年後輩、ハンモックナンバーもはるかに下だったので、ぜんぜん問題はなかった。

ネックは南東方面艦隊（NTF）と南西方面艦隊（GKF）だった。NTF長官は草鹿任一中将、GKF長官は大河内伝七中将、二人とも小沢中将の兵学校同期生で、しかも、士官順位上、先任であった。これはまずい。

だが、すでに両方面艦隊とも内地との交通が途絶しており、長官交代は困難だった。そこで、本土決戦には、「かならずしも南東方面艦隊、南西方面艦隊を総司令長官が指揮する必要はない」との、表向きの理由をつけて両艦隊を連合艦隊からのぞき、大本営直属にするという操作をしたのだ。

厳重な規則の枷《かせ》をはめられた人事制度を運用してする組織編成は、これほどにもむずかしかったのである。終戦の三ヵ月前、しかしもう、この期におよんでは、どうあがき、首脳部《あたま》を入れかえてみても、〝大廈《たいか》のたおれんとするは一木のよく支うるところにあらず〟だった。

海軍大臣は軍政のトップ

戦前の日本には、鉄道省という役所があり、鉄道大臣がその頂点にあって国有鉄道を経営していた。ほかに、地方の私鉄や自動車事業の監督行政も行なっていたのだが、だから、国鉄のトップは鉄道大臣であったわけだ。

とすれば、連合艦隊をはじめとする実施部隊の現場をかかえた「海軍のトップは海軍大臣である」と言いたくなる。が、そう簡単にきめてしまうわけにはいかないところがあった。

では、なにかにつけ「海相は海軍の最高責任者なり」とされたのは、間違いだったのか。

2図　海軍上層部の隷続・指揮系統

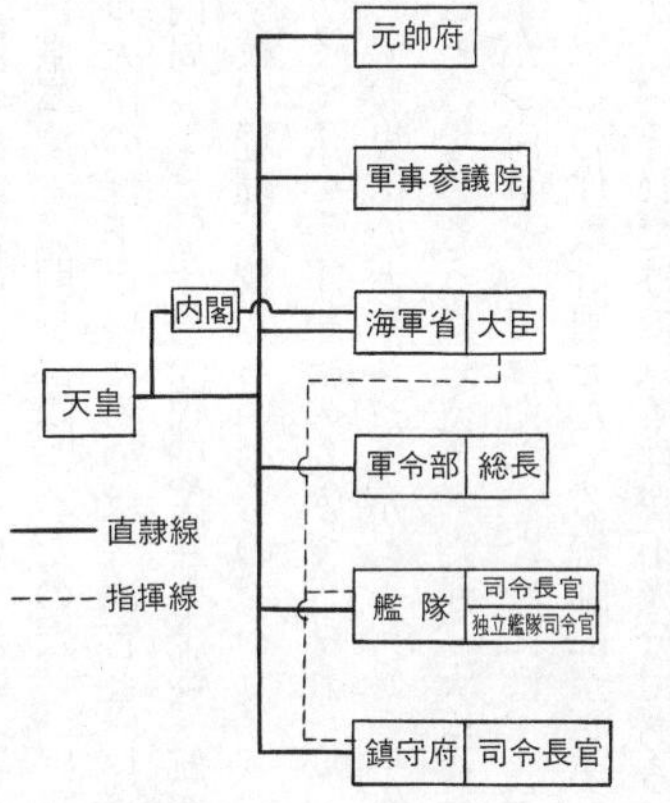

2図を見ていただきたい。太平洋戦争の始まる数ヵ月前、昭和一六年七月一日現在の海軍組織、それも上層のほうのあらましだけを示したのだが、ご覧のように、軍令部総長も艦隊司令長官も鎮守府司令長官も、

海軍大臣の部下にはなっていない。海軍省と軍令部と各艦隊と各鎮守府は、それぞれ別個に、天皇に直属する機関や部隊だったのだ。

海軍大臣の部下といえるのは、次官と、局長を頭にいただく軍務局や人事局などのいわゆる〝内局〟。それから水路部や艦政本部、航空本部の〝外局〟と、海大、兵学校、機関学校、軍医学校、経理学校くらいのものだった。

デカくて広い海軍組織のなかで、それは、わりあいかぎられた一部だった。

なので、規模の大きさだけからすると、「俺は天下の海軍大臣」と威張ってみても、たいしたことはなさそうに思える。だが、大臣直属の機関はいずれも海軍軍政の中枢部だ。

海軍が、海軍としてはたらくためには、まず、前線で戦ったり警備に従事する艦隊が必要なこと、その作戦計画をたてる統帥部が必要なことはわかりきっている。

しかし、それだけでは条件が不充分である。国防上、陸軍とならんで欠くことのできない海軍に、国政とからめながら、外からあるいは中から、養分と活力をあたえていく「軍政」は、海軍を機能させるうえで、きわめて重要な業務だった。

それのキャップが「海軍大臣」なのである。だから、かれの任務の第一は「海軍軍政ヲ管理」することと、海軍省官制に規定されていた。

そして、海軍大臣の軍政管理の権能は、いまいった中央部局にしかおよばないのではなかった。連合艦隊司令長官もほかの各艦隊司令長官も、直接、大臣とのあいだに上司部下の関係はないにもかかわらず、「軍政ニ関シテハ海軍大臣ノ指揮ヲ承ケ」ることになっていた。

横須賀や呉などの鎮守府司令長官も同様、「天皇ニ直隷シ部下ノ艦船部隊ヲ統率」するのだが、一方、軍政業務については「海軍大臣ノ命ヲ承ケ軍政ヲ掌ル」さだめであった。

したがって、海軍大臣からの、こと軍政に関する強力な指揮線は海上、陸上を問わず、海軍のすみずみにまで伸びていたというわけなのだ。ここが大臣の〝エライ〟ところだった。指揮の手のとどかないのは軍令部だけだ。

大臣は現役大、中将

海軍大臣には、大将、でなかったら中将をあてるのが規定だった。ついでに書くと、次官は中将か少将の任命だ。

ずっと昔、明治二三年三月から一〇年ほどは、海軍大臣・次官への補任には資格を問わない、つまり文官でもかまわないとした時代があった。だが、明治三三年五月に「陸海軍大臣ニ任ゼラレ得ル者ハ陸海軍ノ現役大中将ニ限ル」と変えた。それが、大正二年六月、第一次山本権兵衛内閣のときにふたたび「予備役でもよい」と変更され、そういう時代が二三年ほどつづいた。

だが、またまた、昭和一一年五月に逆転、現役大中将制にもどったのだ。

こういう「現役制」が、国内政治にどんな影響をもたらしたかはここに記すまでもない。畑陸軍大臣が後任陸相推薦を拒否したことによる、米内光政内閣の崩壊などが、一例にあげられる。

それはさておき、海軍大将でなく、中将で海軍大臣になった例は非常に多い。初代の西郷従道サンいらい、大正中期の加藤友三郎海相までズッとそうだった。フル・アドミラルになってからの大臣就任は、第一一代の財部彪以後だ。昭和に入ってからでも、米内光政、吉田善吾のご両所は中将大臣だった。

38表　吉田海相就任当時の海軍首脳部

氏名	階級	現　職	士官順位
博　恭　王	大将	元帥・軍令部総長	1
大角岑生	〃	軍事参議官	2
永野修身	〃	〃	3
米内光政	〃	〃	4
百武源吾	〃	〃	5
加藤隆義	〃	〃	6
長谷川清	〃	横須賀鎮守府長官	7
及川古志郎	〃	支那方面艦隊長官	8
塩沢幸一	〃	軍事参議官	9
吉田善吾	中将	海軍大臣	10
山本五十六	〃	連合艦隊長官	11
嶋田繁太郎	〃	呉鎮守府長官	12
豊田貞次郎	〃	航空本部長	13
豊田副武	〃	艦政本部長	14
中村亀三郎	〃	軍令部出仕	15
氏家長明	〃	〃	16
古賀峯一	〃	第二艦隊長官	17

といっても、さすがは海軍三顕職の一つをきわめる人々、その中将大臣のどなたもが、在任中、大将に昇進した。が、ただ一人、吉田善吾海相だけが終始中将のままだった。昭和一五年九月、一年の在任で、病気のため急に辞任したからだ。その一一月、かれは同期の山本五十六、嶋田繁太郎両氏といっしょに大将へ進級している。

そんな歴代海相二六代のなかで、一人だけ、五代目の仁礼景範大臣だけが中将のままで海軍を退いた。米国アナポリス留学のハイカラ子爵サマだったが、どういう事情があったのか。

ところで、さきほどの吉田海相が就任した当時の、海軍最高首脳部の顔ぶれと序列は38表のようになっていた。吉田サンの上には元帥を含む海軍大将が九人もいる。

だから、ふつう想像されるように、単純に海軍大臣は、作戦・軍備それから軍政、すべての面で海軍の頂点に立つのだとすると、こういう人事は成り立たない。なぜなら、中将の吉田海相が、軍隊指揮官としての及川古志郎支那方面艦隊長官に、作戦命令を下すわけには、軍令承行令上できないからだ。

ましてや、大臣より士官順位の上位者をGF司令長官に据えることなどとてもできなくなる。そういう配員が可能だったのは、くり返しになるが、海軍大臣が艦隊や鎮守府の司令長官を指揮できるといっても、それは「軍政」にのみ限られていたからなのだ。

事実、太平洋戦争が開始されたときには、ハンモックナンバーが、山本連合艦隊司令長官の次位にあった嶋田繁太郎大将が海軍大臣の椅子について、なんのさしつかえもなく海軍を運営していた。

しかし、たとえ、作戦上の軍隊指揮には関係しない軍政事項であるにせよ〝指揮〟と名のつく以上、海軍全体の統率からは、大臣が各司令長官より先任であることのほうが望ましかったであろう。じっさいにも、そういう場合のほうが多かった。

大臣は武官にして文官

さて、海軍大臣にはもう一つ特色があった。それは、かれが武官でありながら、「文官」

でもあったということだ。これは海軍だけでなく、陸軍もそうだった。

といって、海軍省官制のどこにも、「大臣ハ文官ノ身分ヲ併セ持ツモノトス」なんてことは書いてない。しかし、各省の大臣は国務大臣として天皇の国政上の大権を補佐し、それぞれその実行の責任を負う重大なつとめをもっていた。海相は内閣の一員たる閣僚として閣議にもつらなる。それはたんなる武弁のハンチューをこえるポストであろう。

国務大臣は、天皇がみずから親任式を行なって任命する親任官だった。「高等官官等俸給令」という法規によれば、「親任式ヲ以テ叙任スル文官ノ俸給ハ別ニ定ムルモノヲ除クノ外左ノ如シ」とさだめ、そのなかに「内閣総理大臣」と「各省大臣」が入っていた。これからすると、海軍大臣、陸軍大臣は明瞭に「文官」だ。

また、「大臣ヲ佐《たす》ケ省務ヲ整理シ各局部ノ事務ヲ監督」する海軍次官も、文官の身分をあわせてもっていた。前にも書いたように、ひろい海軍のなかで、「武官」でありながら「海軍部内の文官」でもあったオフィサーはこの二人だけである。

敗戦まで、海軍の高等武官、高等文官たちをひっくるめて社員にし、相互の親睦をはかり海軍に関する学術を研究するのを目的とした「水交社」という法人組織があった。その「水交社社員名簿」には、したがって、大臣と次官は、現役士官の部と文官の部の両方に名前がのっていたものだ。

いま大臣は親任官と書いたが、ほかの陸海軍大将も親任官。だから、フル・アドミラルから海軍大臣になったときは並行移動だが、高等官一等である中将で大臣になった場合は、階級はそのままで親任官へ昇格した。そして、もし中将のまま大臣を下りると、また勅任官の高等官一等へ逆戻りと、妙な形をとらなければならなかった。

昭和一五年一月、米内光政大将が首相に推されたとき、吉田海軍大臣をはじめ部内には、米内サンを現役に残そうという運動が強くおこった。けれど、かれは「総理大臣は純然たる文官である」と、みずから予備役入りを主張し、そのとおりにしてしまったことがある。ものごとのケジメをはっきりさせる、米内大将ならではのことだろう。

才幹に甲乙なし

兵学校二四期の山本英輔提督が、フル・アドミラルに昇進したのはGF長官をつとめていた昭和五年四月一日である。それも卒業し、軍事参議官の閑職についてやがて大将四年目にはいった。二・二六事件がおこり、陸軍では六人の大将が予備に編入されたので、海軍でも当然……、と山本参議官も覚悟したらしい。でなくても、そろそろの時期だ。

所要のついでに海軍省へ寄り、人事局長に会うと、案の定、三人がやめなければならないとのことだった。「それは誰とだれか」と聞くと、「山本英輔、小林躋造、中村良三のお三人です」の答えだったそうだ。そこで山本サンは、「当局でいろいろ考えた結果の案だろうが、海軍大将ともなればみな甲乙はないのだから、古い者順に切った方がよろしい」と話し、永野海相にもそう進言しておいた。

当時のフル・アドミラルは元帥の伏見宮をトップに、山本、大角、小林、野村、中村、末次、永野とならんでいた。だが、やはり人事局の案どおりにことは決定、実施されたのだった。直前まで海相の椅子にあった山本同期の大角は残っている。

「大将になれば甲乙はない」というのは一つの見方であるし、おもしろい考え方だ。昭和一六年四月、伏見宮軍令部総長が辞意をもらしたときも、似たような現象があった。

及川海相から井上成美次官代理に、総長後任の相談があったとき、井上サンは、「いまの大将がたでは山本（五十六）さん、長谷川さんをのぞいたら、これぞといった人はいません。しかたがないから最先任の人を据えたらいいでしょう。それで、ダメだったらクビを切って、次順位の人とかえるのが合理的です」と答えたそうだ。さっきの山本英輔大将の考え方と同じだ。

今回の士官順位ナンバー・一は伏見宮、二番が永野修身、三番が百武源吾だった。結局、総長の後任には井上提案のとおり、次位の永野大将の線で落ちついたのだった。

まえにも書いたことだが、未来に大きな夢をいだいて海軍入りをしたキャデットのなかから、大将に昇進できるのはおよそ二・五パーセントだった。すなわちかれら大将は、わが海軍では、人物・才幹ともに群を抜いてすぐれたエリートなのである。となれば、山本英輔サンや井上サンがほのめかしたように、そのだれもが海軍大臣や軍令部総長に補職されて、不思議はなかった。

といっても、そんな国家の安危をになう枢要なポジションであればなおのこと、大将ならだれでもよいというわけには参らない。人事は大臣の専決事項。前任海相がおりるさいは、大中将のうちから自分自身の眼で適任者を選び出し、後任大臣に推挙して交代するのが海軍の慣例になっていた。

ところで、連合艦隊司令長官には軍令、軍政の区別なく、どちらの系統のアドミラルも就任した。海軍大臣をそういった眼で、およその区分けをしてみると、39表のようになる。職掌がら、やはり軍政系ないしは軍令系の配置を歩んできた人が多いのだが、完全に軍令系と思われる提督も海相になっている。

39表　海軍大臣の出身系統

	大正期大臣	昭和期大臣
総長未経験者	斎藤　実（軍政）	岡田啓介（軍政）
	八代六郎（——）	安保清種（軍政・軍令）
	加藤友三郎（軍政）	大角岑生（軍政）
	財部　彪（軍政・軍令）	米内光政（軍令）
		吉田善吾（軍政）
		野村直邦（軍令）
総長経験者		永野修身（軍政・軍令）
		嶋田繁太郎（軍令）
		及川古志郎（軍令）

この39表は大正、昭和期にかぎってのものなのだが、ということは、とりもなおさず軍政職である大臣も、軍令職である総長も、そこに至るまでの経歴系統にはそれほどこだわらずに任命される、ということなのではなかろうか。

米内光政大将が首相になるため予備役編入をみずから主張したとき、吉田海相がそれに反対したのは、現役に残しておき、いずれ近い将来、軍令部総長として働いてもらいたい願いがあったからだとされている。だとすれば、吉田案が受け入れられていれば、米内サンも、連合艦隊司令長官、海軍大臣、軍令部総長の三顕職をわが手に握ることができたわけだ。

ともあれ、本省も軍令部も艦船部隊も、その他もろもろをひと括りにして、その〝長〟を海軍大臣だとするわけにはいかなかった。でも、たとえば、他国と戦争を開始するか否か、というようなさい、意志決定をする、国政上の海軍の最高責任者ではあったわけだ。

だが、かりに戦争になっても、作戦そのものの最高責任者ではなかった。

元帥は〝老巧卓抜〟な大将から

『アドミラル軍制物語』（『帝国海軍将官入門』）も、少将、中将、大将と階段を昇りつめて、ついに「元帥」にまで到達した。といって、日本の陸海軍では、元帥が階級の一種でなかったのは、みなさんよくご存知のはず。だが、明治のはじめ、帝国軍隊草創のころには官階として存在した時代もあった。

明治四年七月、大将の上に元帥、その上に大元帥の位をつくって、大元帥は太政大臣、左右大臣と同列の身分としたのだ。

しかし、どういうわけか、二年とたたない翌々六年の五月に大元帥と元帥は廃止されてしまった。帝国陸海軍が誕生してまだ数年、吹けば飛ぶようなチッポケな存在なのに、元帥、大元帥など気恥ずかしいと、反省したのだろうか。その時期、西郷隆盛が陸軍元帥になって

283　元帥は〝老巧卓抜〟な大将から

40表　海軍の元帥

氏　名	大将進級	元帥授与	金　勲	戦争・事変時のポスト（将官時代）			
				日清	日露	日華事変	太平洋戦争
西郷従道	M.27.10. 3	M.31. 1.20	功2	海相			
伊東祐亨	M.31. 9.28	M.39. 1.31	功2（日清） 功1（日露）				
井上良馨	M.34.12.24	M.44.10.31	功2	西海艦隊長官	横鎮長官		
東郷平八郎	M.37. 6. 6	T. 2. 4.21	功1		GF長官		
威仁親王	M.37. 6.28	T. 2. 7. 7*	功4（日清） 功3（日露）		大本営付		
伊集院五郎	M.43.12. 1	T. 6. 5.26	功1		軍令部次長		
島村速雄	T. 4. 8.28	T.12. 1. 8*	功2		GF参謀長		
加藤友三郎	T. 4. 8.28	T.12. 8.24*	功2		GF参謀長		
依仁親王	T. 7. 7. 2	T.11. 6.27*	功3				
博恭王	T.11.12. 1	S. 7. 5.27	功4（日露） 功1（事変）			軍令部総長	
永野修身	S. 9. 3. 1	S.18. 6.21	功5				軍令部総長
山本五十六	S.15.11.15	S.18. 4.18*	功2（事変） 功1（大戦）			次官 GF長官	GF長官
古賀峯一	S.17. 5. 1	S.19. 3.31*	功2（事変） 功1（大戦）			軍令部次長 2F長官	GF長官

注：* は死後もしくは危篤時に元帥

いたのだが、海のほうにはこんな大物がいなかったせいか、「海軍元帥」は出ずじまいだった。

イギリス海軍には、フル・アドミラルの上の階級として、いまも「アドミラル・オブ・ザ・フリート」と呼ぶ、元帥が立派にある。袖の、細いほうの金スジが、一本多い四本だ。

その後、日清戦争が終わって二年ばかりたった明治三一年に、また、元帥の名称が復活した。こんどは「元帥府」という、天皇の軍事上の最高顧問機関を設けて、そこに〝列セラ〟れる陸海軍大将に〝特ニ元帥ノ称号ヲ賜フ〟ときめられたのだ。だから、階級は陸軍大将、海軍大将のまま。

ならば、どんなジェネラル、アドミラルが元帥に選ばれたのか？

元帥府を設置するとき明治天皇は詔《みことのり》を下して、「陸海軍大将ノ中ニ於テ老巧卓抜ナル者ヲ簡選」する、とこう定めたのである。わかるようでわかりにくい抽象的な言葉だが、こんな判断で、海軍からは昭和二〇年の敗戦までに、40表にかかげた一三人の海軍大将が元帥になった。

歴代大将七七名のうち、一七パーセントが抜き出されたのだから、こういうのを簡択とか簡選とかいうのだろう。

この一三人のうち、死後追贈者が六人いたから、存命中に元帥府入りしたのはわずか七人ということになる。実質はともかく、希少価値は高い。いっぽう、対照される陸軍では、一七七名の大将のなかから一七名の元帥だった。割合は九・六パーセント。一見、陸軍のほうが元帥になりにくかったかにみえるが、陸軍の死後追贈者は久邇宮《くによし》邦彦王ひと方だけだった。

だから、生きている間に元帥になった人の率というと、両軍とも九パーセント、ピタリと一致してしまう。そこまで厳密に計算して、ことを運んだかどうかはわからないが、こういうトップ人事のこと、できるだけ陸海のバランスを崩さないよう、調整していたのではなかろうか。

海軍での元帥第一号は、あの大将第一号でもあった西郷従道サンである。

ところで、さきほど書いた〝老巧卓抜〟ということば。軍制史研究の大家松下芳男博士は、「戦功、軍功、人格、識見などの抜きん出た老将」と解釈している。この定義にしたがうと、西郷サンには戦功らしい戦功はない。ただし、二回の海軍大臣、それも二度目は、日清戦争をはさんでの大臣だったので軍功は著しかった。

そして、山本権兵衛という敏腕・らつ腕家を存分に使いこなし、海軍を発展させた大度量の人格は比類のないものだったろう。日清戦役の功績で功二級金鵄勲章授与。元帥府条例制定と同時の元帥府入りだった。

東郷元帥はいわずもがな、ほかの元帥がたの金勲も功一級か二級が多い。いちばん低いランクの持ち主は永野修身大将だ。日露戦争の旅順攻撃重砲隊で活躍したときの、功五級しか持っていなかった。

太平洋戦争緒戦時の軍令部総長としての大勝利を賞されたのと、陸軍とのつりあいも考慮しての〝簡選〟だろう。戦争さなかの昭和一八年六月、陸軍の寺内寿一《ひさいち》南方軍総司令官、杉山元《はじめ》参謀総長といっしょに元帥の〝称号を賜った〟。

宮様元帥も、持っている金勲ランクは低い。なのに、元帥なのである。皇族の身分が作用していたのは間違いのないところだ。博恭王の功一級は、宮がすでに元帥・軍令部総長になってから、日華事変での戦功によるものであった。

そして、もう一つの条件、「老将」であるということからすると、なりたての大将では元帥にそぐわない。40表から計算してみると、死後追贈と西郷一号元帥はべつとして、伊集院五郎サンの六年六ヵ月が最短、井上良馨元帥が最長で九年一〇ヵ月後になっていた。

平均すると、現役大将を八年七ヵ月くらいつとめてからでないと、〝老巧なる将帥〟の部類に入れてもらえなかったわけだ。

幻の〝加藤元帥〟

ロンドン条約の締結をめぐって、海軍がいわゆる艦隊派（強硬派）と条約派に割れた当時、艦隊派の頭領といわれた加藤寛治大将にも、「そろそろ、元帥になってよい時期……」という声が、周囲にあがったらしい。加藤大将は昭和二年四月のフル・アドミラル進級だから、満八年を経過したころの話だ。

昭和一〇年度の第二艦隊は米内光政中将が司令長官で、主力の第四戦隊も直率していた。そこの三番艦・重巡「摩耶」の艦長を小沢治三郎大佐（のちのGF長官）がつとめていたのだが、ある日、彼は米内長官に単独で呼びつけられた。さっそく出かけてみると、「加藤寛治大将を元帥にせよ、との署名運動があるが、君はどう思うかね」との質問だった。小沢艦長は、「そんなことはやるべきではない。それに、加藤大将は美保ヶ関事件の責任者で、あのとき責任をとるべきだったのです」と、即座に返答をした。

同じようなそのころの出来ごとなのだが、井上成美大将がかかわった、こんな話もある。戸塚道太郎中将がまだ大佐で、軍令部二部に勤務していたとき、某日、彼の部屋に井上さんが立ち寄った。戸塚氏は、「艦隊にいる猛者連のあいだに、加藤大将を元帥にしたら、との議がもち上がり、回状をまわして署名を集めているそうです。井上さんどう思う」と尋ねた。井上氏はたちどころに、「とんでもないこと。加藤寛治など元帥にすべき人物ではない」と、答を返したそうだ。

それから数ヵ月たって、戸塚大佐は福井県人会へ出席する機会があり、加藤大将の前へ〝杯頂戴〟にまわった。すると、「戸塚！　貴様はこのあいだ、俺を元帥にする話に井上が反対したのを、黙って聞いていたそうだな、この馬鹿野郎！」と怒鳴って、戸塚サンの頭にゲンコツをくわせた。そこで腹を立てた彼も、「何をするんだっ！」と言いざま、杯の酒を大将の頭にぶっかけたんだそうである。

まあ、子供のケンカみたいな話だが、元帥になれるなれないの裏事情には、こんな署名運動なんてこともあったらしい。結局、〝加藤元帥〟はまぼろしに終わったのだが、「人格、識見」の問題なると、あるいは高く評価する人、あるいはけなす人ありで、なかなか難しいものだ。

それからまた、皇族の場合は、健康で海軍大将に昇進できるまで長く在籍された方は、例外なく元帥になれた、といってよいのではあるまいか。

さて、では、「ふつうの海軍大将と、元帥になった海軍大将はどこで見分けるのか？」と

3図　元帥の徽章と刀

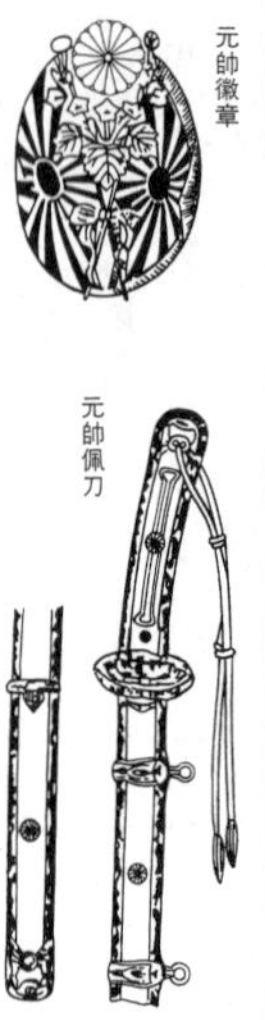

いう疑問もわく。それには「元帥徽章」と称する3図のようなバッジを制服の右胸下につけ、区別することにしていた。陸軍を表象する軍旗と海軍を表わす軍艦旗の間に、皇室の菊花御紋章と、古来皇室に関係のふかい桐の紋章を配置した徽章だ。

元帥府条例ができて間もなくの明治三一年五月制定だったが、それからかなりたって、大正七年八月には「元帥佩刀」の制式が定められた。黄金づくりで、柄の長さは約一六・五センチ、鞘の長さが約七八センチ、金銀線入りの紫革まるひものついた、3図のような立派な刀だった（そうだ）。通称〝元帥刀〟といわれている。

こちらは、どんな制服にも、またいつでも佩用するというのではなく、規定があった。「元帥タル海軍大将戦時事変ニ際シ出征スルトキ又ハ正装礼装ヲ為ストキ其ノ他宮中ノ儀礼等重立チタル場合ニ於テ佩用スルモノトス」となっていたのだ。東郷サンの金キラの写真なんかに、元帥徽章をつけ元帥刀を手にした典型的な図がよく見られる。

元帥のシゴト

ならば、「元帥になるとどんな待遇を受け、どんな役目をはたすのか？」

現役の士官には、各階級ごとに現役定限年齢のさだめがあって、中将ならば六二歳、海軍大将では六五歳になると、いくら居すわりたくても予備役に入れられてしまった。

ところが、「元帥タル大将ノ現役定限年齢ハ之ヲ定メズ」で、つまり、功績、人物のひときわ優れた御老体がたは、一生を現役軍人で安泰にすごすことができたのだ。

伏見宮さまや永野修身大将のように、軍令部総長在任中に元帥になれば、肩書きは「元帥軍令部総長」だ。しかし、それを降りれば、現役士官名簿の現職欄には「元帥」の文字が残るのみとなる。功なり名とげた老将には、ただひたすら、両軍それぞれのトップの座に、すわっていて戴くだけだった。

戦前、臣下が宮中儀式に参列する場合、身分の高下によって席次をさだめる「宮中席次」という規定があった。

それによると、大勲位の勲位にある者が第一番だった。二番が総理大臣で、第五位に元帥、国務大臣、宮内大臣、内大臣がおかれ、ほかの陸海軍大将は第一〇位に位置づけられていた。栄光に輝く元帥は、こうして、一般大将とは大差をつけて遇されていたのだ。

だから、専従する職務がなくなると、現役に在るとはいいながらすっかりヒマになってしまう。なのに「副官として佐尉官各一人ヲ付属セシ」められていた。これも優遇措置である。

海兵四四期を恩賜の短剣で卒業した湊慶譲少将は、昭和のはじめ、二年ばかり東郷元帥の副官をやっていたことがあった。湊さんの回想によると、東郷さんの〝元帥〟としての勤務ぶり？　はこんなふうであったようだ。

湊さんはそのとき大尉で後任副官、こちらが本務にされていたが、常時は、兼職の軍令部出仕で英国情報を担当していた。元帥そのものには、いま言ったように忙しい専業がないのだから、〝元帥府〟といっても、そういう建物があるわけでもオフィスがあるわけでもなかった。いまふうにいえば、彼らは在宅勤務である。

その勤務を助けるために、毎週火、木、土曜の午後、二人の副官が交代でうかがって御用を承ることにしていた。東郷元帥はいつも応接間へ出てこられた。たいていは、連絡事項や報告を申し上げると、湊さんたちは短時間で帰庁した。だが、何か重大な事件でも突発して報告に行ったときなど、ついでに、三〇分も一時間も昔話をしてくれることもあったらしい（『湊慶譲回想録』）。

ほかには、「元帥ハ勅ヲ奉シ陸海軍ノ検閲ヲ行フコトアルヘシ」とも定められていた。海軍のなか、艦船部隊はもちろんお役所や学校の軍紀、風紀、教育訓練、衛生状態、会計経理、兵器から建物にいたる隅々までを、巡視、検査して整備改善を促すのが「検閲」だった。これには主なものとして、毎年、司令長官や司令官が管下にたいし、適当な時期に行なう「恒例検閲」があったが、もう一つ重要なのに「特命検閲」があった。

これが、天皇の命をうけて元帥が実施する検閲だった。特命検閲先に指定された現場側はずいぶんピリピリしたものらしい。何日もかけて視てまわるのだが、昭和九年度、舞鶴要港部司令官だった百武源吾中将（のち大将）のような立派なアドミラルでさえ、部下への訓示で、「現在、私の頭のなかは特命検閲のことでいっぱいだ」といったそうだ。巡視される側の緊張が、いかに強烈だったかわかろうというものだ。

ただし、この特命検閲使には、元帥ではなく、軍事参議官などの任にある大将もあてられ、むしろこっちのほうが多かった。


さて、明治三一年に元帥府がおかれたのは、対ロシア戦争に備えるため、大元帥たる天皇の最高軍事顧問陣を形成する必要からだった。さきほどの西郷従道海軍大将のほか、陸軍から小松宮彰仁親王、山県有明、大山巌の三大将がいっしょに元帥に選ばれていた。

しかし、日露戦争以後は大戦争もなく、したがって諸将の戦功も小さくなったので、昭和に入ってからは太平洋戦争中をのぞいて元帥の誕生はすくなかった。年月がたつにつれ、元帥府は最高顧問機関であることの意味からしだいに離れていった。形式的な存在となり、功ある老将の養老・優遇機関に変わっていったようだ。

昭和二〇年八月敗戦時の元帥は、海軍側、伏見宮博恭王、永野修身、陸軍側、梨本宮守正王、寺内寿一、杉山元、畑俊六の六大将である。

二四歳の海軍大佐

『陸海軍人に賜へる勅諭』――これは、昭和二〇年八月一五日までのわが国軍将兵が、金科玉条として信奉した軍人精神の拠りどころであった。前文、本文、後文に分かれ、始めから終わりまで不動の姿勢で聴かされると、ウンザリするほど長い〝お言葉〟だったが、その前文のなかに「朕は汝等軍人の大元帥なるそされは朕は汝等を股肱と頼み汝等は朕を頭首と仰きてそ其親《したしみ》は特に深かるへき」と述べられていた。すなわち、天皇は陸軍海軍双方の最高指揮官であった。

この勅諭は明治一五年一月四日に発布されている。したがって、明治三四年四月に誕生になった昭和天皇は、生まれながらにして陸海軍「大元帥」となるよう、運命づけられていたわけだ。といっても、天皇は軍の大頭領であるだけでなく、憲法の定めに基づいて一般国務も総攬しなければならないし、栄典にも関与しなければならなかった。軍務ヒトスジというわけにはいかなかったのだ。

皇太孫だった七歳のとき、まず学習院初等科に入学されて、われわれ国民と同様、六年間の普通教育を受けることになった。だが、ここからが違う。五年生のとき、明治天皇がお亡くなりになると皇太子になられ、「陸軍歩兵少尉・海軍少尉」に任官されたのである。御年、なんと一一歳。これは皇族身位令の第一七条「皇太子皇太孫は満一〇年に達したる後、陸軍および海軍の武官に任ず」という規則にしたがったのだ。七五三ではない。ずいぶん可愛いいホンモノの将校誕生であった。大正元年九月九日のことだった。

同時に、皇太子・裕仁《ひろひと》親王は近衛歩兵第一連隊付を命ぜられている。もちろん、実際に部隊勤務をされたわけではない。形式的な発令だったが、さっそく一〇月一二日に、近衛師団司令部と近歩《きんぽ》一《いち》連隊へ行啓になった。海軍へは一一月、横浜沖で行なわれた大演習観艦式に

「筑摩」をお召艦としてお成りになった。

大正三年四月、一三歳になった親王は学習院初等科を卒業されたので、東宮御学問所を開設し、そこで帝王学を学ばれることになった。学校長である総裁には、日露戦役の日本海海戦の立役者東郷平八郎大将が任命され、幹事には小笠原長生海軍大佐（のち中将）が補職された。この御学問所で、皇太子が勉学されたのは七年間だ。だから、基本的には旧制の中学校・高等学校と同じような学問を学ばれたようである。倫理、国語漢文、地理歴史、数学、理化学、フランス語、美術史……、どういうわけか英語はなかったらしい。「軍事講話」という科目も設けられ、陸軍、海軍の軍事学も勉強された。海軍関係では、竹下勇少将（のち大将）と安保清種少将（のち大将）が先生だった。

海軍服姿の昭和天皇。24歳の若さで海軍大佐、陸軍歩兵大佐に昇った。

この年の一〇月、陸海軍中尉に進級し、五年一〇月、一五歳で大尉に昇進した。さらに九年一〇月には、陸海軍少佐に任ぜられた。一般士官のように〝お茶を引く〟なんてことはない。進級に必要な実役停年どおりか、せいぜい半年ないし一年多いだけの年限で、トントン拍子にのぼっていった。その間、海軍へ出向かれて、特別に勉強されたという様子はない。三回ほど第一艦隊の演習を見学されたほか、観艦式に行啓されたり、大正八年一〇月、一週間ばかり大演習を視察された程度であったようだ。

この少佐時代、大正一〇年二月に東宮御学問所の勉強を修了したのだが、さっそく三月三日から欧州諸国巡遊の旅に出発された。半年間、戦艦「香取」をお召艦に、「鹿島」を供奉艦にしたがえて横浜を出発したのだ。艦隊の指揮官は第三艦隊シチの小栗孝三郎中将（のち大将）。この航海が、裕仁親王のもっとも長い軍艦生活であったろう。

総航程二万三五〇〇マイルの長航海だったが、親王は海そして海軍がお好きのようだった。艦の動揺が激しく、船酔いに苦しむ者が多いなかで、そんな気ぶりも見せず、供奉員や乗組士官たちを相手にデッキゴルフを楽しまれた。波の飛沫を浴びて、「やぁ、しまった。波をかぶってしまった」などと興じながら、あごひもをかけて運動をされる、二〇歳の青年少佐の姿はまことにりりしく、活発だったそうである。フネにはなかなか強かったらしい。

その以前にも、大正五年春、駆逐艦「桐」で、沼津から伊豆の戸田《へた》へ行かれたことがあった。そのときの荒天はひどかったようだ。艦首を飲みこんでしまうほどの激浪は親王の立っている艦橋を躍りこえるほどであった。船体の動揺ははげしく、寒風は骨を刺すようであった。お側にいた東郷平八郎総裁は何度も、艦長室に降りてお休みになるようすすめたが、一五歳の海軍中尉はそれを拒否され、往復とも艦橋に立ちつくされたそうだ。

裕仁親王の任海軍中佐は、大正一二年一〇月だった。さらに、一四年一〇月、二四歳の若さで海軍大佐に昇られ、同時に陸軍歩兵大佐に進級された。

大元帥と大本営

大正天皇がお亡くなりになったのは、大正一五年一二月二五日であった。ただちに、裕仁親王が第一二四代の皇位を継承し、昭和と改元。そして、新天皇は即、陸海軍大元帥になられたのである。陸海軍の軍人社会は、上は大将より下は二等兵にいたる身分に分かたれており、裕仁親王も皇太子時代に大佐の地位まで昇られた。が、即位とともに、そのような通常の軍人の身分を超越する存在になったのであった。

したがって、明治初期にあった大元帥を復活させて、その階級にあがったわけではない。大元帥は陸海軍の官階ではなかったので、天皇の軍服も、大将の制服によく似ていたが、よく見ると、いろいろのところで違っていた。大元帥の制服は、正式にいうと「陸軍式御服」「海軍式御服」と呼ばれたが、海軍式の場合、正装、礼装、通常礼装、軍装があった。これは一般軍人と変わらなかったし、だいたいの形状もほとんど同じであった。

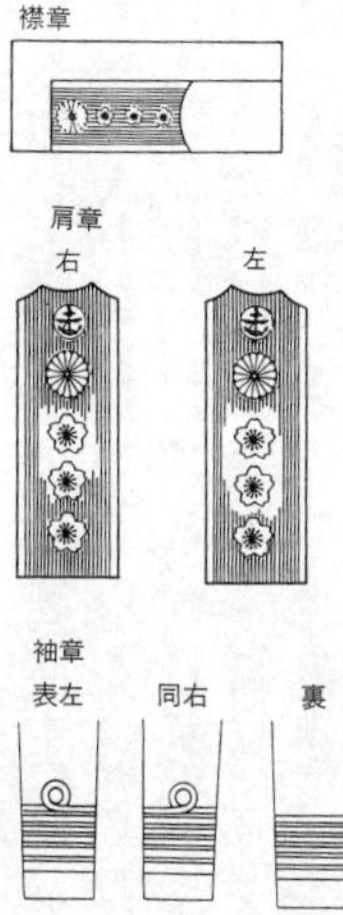

4図　大元帥の襟章、肩章、袖章

いちばん違うところは階級章だった。海軍大将のそれではない。4図を見ていただきたい。まず袖章――大将では、一寸幅の太線二本の上部に五分幅の細い線三本が置かれていたが、天皇の軍服では細線が四本になっている。また、夏の白服の肩章と冬の紺服の襟章では、大将のそれはご承知のようにベタ金に桜が三コ並んでいる。

だが、大元帥の〝御服〟の場合、肩章では桜三コの上方に、左右襟章では桜三コの内側に菊の御紋章がついているのだ。ここが、平常の軍装では、もっとも大将の制服と異なっている点だった。細かい個所では、正装の襟章、肩章《エポレット》の造作、短剣のサヤ、刀帯のバックルなどに相違点が見られたが、とても繁雑であげていられないので省略することにしよう。

ようするに、〝菊のご紋章〟があちこちにチリバメられていたということである。ただし、軍帽の前章は、ふつうの海軍士官の帽章とまったく同一の仕様だった。

ところで、戦争や事変が起きると、必要に応じて「大本営」と称する国軍最高の統帥機関を設置することが多かった。そこではもちろん、大元帥が全陸海軍の指揮をとるのだが、参謀総長と軍令部総長がそれぞれ大本営陸軍幕僚、大本営海軍幕僚の長として天皇を補佐していたのだった。

また、海軍でいえば、軍令部次長は幕僚長をたすけ、軍令部各部の部長、課長、部員は大本営海軍参謀の名のもとに作戦を案画し、陸海軍の協同をはかるよう、働いていた。

大本営は、日清戦争中をのぞいて宮中に設けられたが、幕僚長以下の幕僚は、常時は陸海軍とも参謀本部と軍令部内の本来の勤務個所で業務をとっており、宮中で勤務することはなかった。ただし、大元帥みずからが臨席される「大本営御前会議」は宮中で開かれた。

　太平洋戦争が開始される前、その年の晩夏以後、政府と統帥部は連日のように連絡会議をひらいていた。戦争もやむなしの決意のもとに作戦準備の完整につとめながら、避戦のため対米交渉をつづけたのだが、一一月三〇日までに妥結不成功ならば、一二月初旬に開戦に踏みきるという結論にたっした。これは昭和一六年一一月五日の御前会議で決定され、天皇の裁可を得たのであった。

　一八年、一九年の満二年間、軍令部一部一課長（作戦部作戦課長）の職にあった山本親雄少将（海兵四六期）の回想によると、はじめのころの御前会議は、すべて進行のスジ書きができていたのだという。事前に参本、軍令部間で充分に打ち合わせし、意見一致を見たうえの資料を作製しておき、大元帥に説明申したのだった。ご下問までその内容を予想し、奉答案を準備しておき、お答えするという方式であったらしい。

　これには、天皇もだいぶご不満だったようだ。そこで、こういう形式的なやり方はやめ、要点だけを文書としてととのえ、これに基づいて説明申し上げる、それも分かりやすく申しのべる方法に改めた。また説明だけでなく、出席者がたがいに質疑応答することも実行したが、こうして以後、天皇も「すこしは会議らしくなった」と喜ばれたらしい。

　御前会議の出席者は参謀総長、軍令部総長、両次長、両作戦部長、両作戦課長の八名であった。ほかに陸海軍大臣と侍従武官長が列席したが、この三人は会議のなかで発言できない定めであったそうだ。

長時間にわたる出席者の陳述が終わったあと、天皇からご下問や注意があったが、どれも要点をついたものばかりであったと、山本親雄さんは言っている。

毎日、前線から届く戦闘報告電報は、善悪ともにことごとく天皇の手もとに差し出していた。かつ、前日の戦況を要約し、書類にして提出、さらに一日おきに軍令部総長が参内説明申し上げるしきたりになっていた。だから、陛下は統帥部が発する命令や指示はもちろん、日々の戦況もくわしくご存知だったのだ。

戦後、とかく軍部は天皇をロボット扱いにし、都合のわるいことは隠して勝手なことをやったように解釈し、うわさしがちであった。

しかし、実相はしからず右のごとくである。真実の戦況を熟知していた天皇は、大元帥として最後まで陸軍への「大陸命」、海軍への「大海令」を発し、指揮をとりつづけられたのであった。

あとがき

『海軍ジョンベラ軍制物語』が発行されたのは平成元年一二月、ついで『海軍オフィサー軍制物語』の刊行を見たのが平成三年五月だった。そしてこのたび、本シリーズの最終作『海軍アドミラル軍制物語』を出版する運びとなった。

この〝アドミラル〟は、『丸』誌への連載は平成五年三月号で終わったのだが単行本化するに際して、かなりの加筆をしなければならなかった。予定どおり作業が進めば、五年暮れには発行されるはずであったが、現実はそれより四年近くも遅れてしまった。ひとえに、筆者の怠慢からであった。

その間、熱心な読者からは、「一体、何をしているのか」と強烈にハッパをかけられたこともあった。そういう方がたに対し、厚く感謝するとともに、遅れをお詫びする次第である。

ところで、これまで、海軍の制度、人事、組織、教育といったことに関し、平易に書かれた著作物はなかったのではなかろうか。戦記とか戦史、あるいは軍艦や飛行機、兵器のメカについての刊行物は多かった。だが、海軍という構造物の全体を知ろうとする場合、ときに視線をかえ、多角的にとらえる試みも必要である。そのためには——と、文字どおり非才をかえりみず、ペンをとったのが本〝軍制物語〟三部作である。

しかし、戦記やメカ物と異なり、とかく地味なこの手の話は無味乾燥と、敬遠されることが多い。そこで、多少なりと読者に興味を持ってもらうため、〝うちわ片手に浴衣がけ〟のような文体で書き進めてみた。だが、中味は真面目である。事実を調べられるかぎり調べ、検討を加えて書き上げた。読者の、日本海軍への理解に少しでも役に立てば、こんな嬉しいことはない。そして、記述に誤りが発見されたような場合は、是非ご指摘もお願いしたいと思う。

さて、この三冊の完成には多くの方がたのご尽力をいただいた。光人社からは、終始、叱咤激励があった。とりわけ、〝アドミラル〟完成までの期間は、気長に筆者を待ち、しかも強力にネジを巻いて下さった。有り難かった。また、『丸』編集部の皆様方にもたいへんお世話になった。末尾になったが、ここに厚く御礼を申し上げる次第である。

平成九年五月

雨倉孝之

NF文庫

帝国海軍将官入門

二〇一五年六月十六日　印刷
二〇一五年六月二十二日　発行

著　者　雨倉孝之
発行者　高城直一

発行所　株式会社潮書房光人社
〒102-0073　東京都千代田区九段北一-九-十一
振替／〇〇一七〇-六-五四六九三
電話／〇三-三二六五-一八六四㈹
印刷所　株式会社堀内印刷所
製本所　東京美術紙工
定価はカバーに表示してあります
乱丁・落丁のものはお取りかえ致します。本文は中性紙を使用

ISBN978-4-7698-2892-1　C0195
http://www.kojinsha.co.jp

刊行のことば

第二次世界大戦の戦火が熄《や》んで五〇年――その間、小社は夥しい数の戦争の記録を渉猟し、発掘し、常に公正なる立場を貫いて書誌とし、大方の絶讃を博して今日に及ぶが、その源は、散華された世代への熱き思い入れであり、同時に、その記録を誌して平和の礎とし、後世に伝えんとするにある。

小社の出版物は、戦記、伝記、文学、エッセイ、写真集、その他、すでに一、〇〇〇点を越え、加えて戦後五〇年になんなんとするを契機として、「光人社NF（ノンフィクション）文庫」を創刊して、読者諸賢の熱烈要望におこたえする次第である。人生のバイブルとして、心弱きときの活性の糧《かて》として、散華の世代からの感動の肉声に、あなたもぜひ、耳を傾けて下さい。

NF文庫